Paraíso VENENOSO

CÓMO LAS PLANTAS MATAN, CURAN Y NOS AYUDAN A SER HUMANOS

José Manuel Correa Sabater

OBERON

Primera edición: octubre 2025

Imagen de cubierta: © 2003-2025 Shutterstock, Inc.

Valentín Beato, 21. 28037 Madrid

PAPEL DE FIBRA
CERTIFICADA

ISBN: 978-84-415-5243-2

Depósito legal: M-13 657-2025

Impreso en España - Printed in Spain

ÍNDICE

Prefacio: Macabro edén

«Aquellos que imaginaban que la vida en la Tierra consistía en animales moviéndose sobre un fondo verde entendieron seriamente mal lo que estaban viendo».

Jurassic Park, Michael Crichton.

Planta. ¿Qué es lo primero que se te viene a la cabeza cuando escuchas esta palabra? Seguramente sean flores, el brillante color de unas hojas o la maceta que tengas más próxima. Lo cierto es que estas maravillas de la naturaleza han quedado reducidas al fondo verde sobre el que representamos el papel principal de nuestra propia existencia humana. En la mayoría de los casos son percibidas como simplemente eso: seres vivos de segunda cuya presencia es mucho menos relevante que la de cualquier animal.

Podría decirse que los cuerpos de las plantas son los cimientos sobre los que se construye el fenómeno de la vida tal y como la conocemos. No siempre fue así. Cuesta imaginarlo, pero durante varios millones de años nuestra Tierra estuvo desnuda de bosques, campos o praderas. De hecho, estas últimas aparecieron en la misma época geológica que nos vio nacer, por lo que los humanos somos de las pocas formas de vida lo suficientemente privilegiadas como para conocer la sensación de caminar descalzos sobre la hierba. En la actualidad las plantas son el punto de entrada de materia y energía a un gran número de ecosistemas, tanto terrestres como acuáticos, conformando así el primer eslabón de una infinidad de cadenas alimentarias. Desde su aparición han cambiado el funcionamiento del planeta, alterando los patrones de las lluvias, el flujo de nutrientes por todo el globo y el propio curso de la evolución. Y a pesar de realizar tan increíbles hazañas, suelen pasar por nuestra vida sin pena ni gloria. La eterna presencia de las plantas es lo que las convierte en ausentes. Esa es la gran maldición de la que es víctima todo ser vegetal.

En cierto modo puedo comprender por qué. Al fin y al cabo, nosotros mismos somos animales, por lo que tenemos una tendencia mayor a prestar atención a aquellas formas de vida más similares a la nuestra. Y eso en el mejor de los casos. Un lobo, una rana o incluso un escarabajo son más parecidos a nosotros de lo que pueden serlo un helecho o un musgo. Esta es una de las posibles explicaciones para un fenómeno conocido como «ceguera vegetal», que seguro que más de un lector ha experimentado de forma inconsciente. Ser un miope de plantas es algo completamente normal, especialmente si se tiene en cuenta nuestro estilo de vida actual. En este estadio del desarrollo de nuestra especie, las plantas juegan un papel secundario en la imagen mental que los humanos tenemos de nuestro propio mundo. Para aquellos de los nuestros que viven en ciudades, es mucho más útil memorizar líneas de metro o reconocer logotipos de marcas que identificar especies de plantas nativas. Incluso en las zonas rurales el conocimiento sobre las plantas que las rodea está en un notorio declive. Es curioso pensar en cómo ignoramos tanto a las plantas cuando nuestros ancestros eran animales arbóreos, con un estilo de vida que dependía en su totalidad de los organismos vegetales. Sobre las plantas nacían y morían. De ellas obtenían refugio y alimento. Un árbol podía suponer el mundo entero para ellos. Puede parecer que nosotros, sus tecnológicamente avanzados descendientes, somos tan superiores a ellos que ya no necesitamos a las plantas. O al menos no tanto. Una afirmación completamente errónea.

Hay muchos beneficios que podemos obtener de las plantas. Con su madera podemos crear herramientas y encender fuegos. Sus frutos son una importante fuente de alimento para nuestra especie. Con sus cuerpos podemos confeccionar tejidos. Pueden parecer insignificantes a simple vista, pero cada tallo, hoja, pétalo, semilla o raíz son auténticos tesoros de la naturaleza. Especialmente si somos conscientes del increíble potencial que encierran: los secretos químicos de su tremendo éxito evolutivo. Las plantas han sido la perfecta frontera entre la vida y la muerte durante toda nuestra historia. No elegir bien qué tubérculo comer podía servir para ahuyentar al hambre unas horas o provocar el colapso de nuestro organismo. Puede que no tengan garras, cuernos o colmillos con los que herirnos de muerte, pero no los necesitan. Desde su silencioso estilo de vida y sus lentos movimientos, las plantas cuentan con herramientas capaces de desmantelarnos desde dentro hacia fuera. También pueden hacerlo a la inversa. Están perfectamente capacitadas para jugar con la bioquímica de maneras tan sofisticadas que aún no terminamos de comprender.

No es de extrañar que en los primeros grupos de humanos las plantas tuvieran reservado un lugar especial. Portadoras de salud y enfermedad a partes iguales, eran objeto de respeto. Adoración en algunos casos. Incluso eran consideradas divinidades, dioses cuyos nombres fueron olvidados hace miles de años, pero que siguen obrando con la misma efectividad en nuestro presente. Y lo seguirán haciendo en el futuro.

Planta. Menuda palabra. Teniendo todo esto en cuenta, cobra mucho más peso.

Las plantas y los compuestos activos que encierran en su interior han sido uno de los motores del desarrollo de nuestra especie. Podría decirse que somos como somos porque las plantas son como son. Desde las puntas de flecha envenenadas de la caza paleolítica hasta las hierbas que más tarde se convertirían en armas de guerra, pasando por rituales de brujería, la pasta de dientes que usas cada noche o los anticancerígenos de descubrimiento más reciente, la influencia que el poder mortal de las plantas tiene sobre nosotros es innegable.

En ellas está la solución a muchos de nuestros problemas, presentes millones de años antes de que siquiera nos los planteemos. Curas a enfermedades, remedios a problemas ambientales e incluso soluciones a cuestiones del día a día. Por contradictorio que pueda parecer, las plantas convierten nuestro mundo en una especie de Jardín del Edén gracias al poder de sus toxinas. Un paraíso con un toque macabro. El resultado de una creación de miles de millones de años. Una creación de la que también formamos parte.

Abramos pues sus puertas. Déjate cautivar por las maravillas que crecen en cada esquina. Eso sí, hazlo siempre con precaución. Los efectos secundarios no siempre son agradables.

Aventúrate pues en el paraíso venenoso que es nuestro mundo.

PARTE I

CUESTIÓN DE PERSPECTIVA

Lo único que pasó por la mente del tiesto de petunias mientras caía fue: «¡Oh, no! Otra vez, no». Mucha gente ha imaginado que si supiéramos exactamente lo que pensó el tiesto de petunias, conoceríamos mucho más de la naturaleza del universo de lo que sabemos ahora.

Guía del autoestopista galáctico, Douglas Adams.

CAPÍTULO 1.

¿Por qué veneno?

Entre finales de los 60 y comienzos de los 70 emergió en Norteamérica una gran variedad de prácticas alternativas para la época. El yoga, la meditación, el espiritualismo «New Age» o incluso la expansión de la dieta vegetariana son un ejemplo de ello[1]. Poco a poco, las plantas comenzaron a cobrar relevancia entre estos ambientes, así como en la cultura popular del momento. Ya fuera como elemento decorativo, por el uso recreativo que se podía hacer de ellas (asuntos en lo que nos centraremos en capítulos posteriores) o por las cualidades sobrenaturales y místicas que se les atribuían. De hecho, en 1973 vio la luz *La vida secreta de las plantas*, un libro en el que se defendía que las plantas no solo eran capaces de razonar, sino también de detectar mentiras y comunicarse intergalácticamente a través de telepatía, entre otras proezas. A pesar de que estas afirmaciones resultaron bastante cuestionables por la comunidad científica, esta corriente de pensamiento gustó mucho a aquellos rezagados del movimiento hippie nacido en la década anterior. En este contexto donde plantas, pseudociencias y misticismo se entremezclaban de formas tan rocambolescas, muchos grupos de individuos buscaban entrar de nuevo en comunión con sus hermanas vegetales. Pero más allá de acceder a trances espirituales o montar comunas en medio de un bosque, algunos simplemente querían añadir un pedacito de naturaleza en la cotidianidad de sus vidas. La venta de plantas de interior se popularizó rápidamente, e incluso surgieron locales especializados en la comercialización de estos seres vivos y todo lo necesario para su cuidado. La tienda Mother Earth del Monroe Avenue en Los Ángeles fue uno de estos espacios donde podías adquirir a tu compañera verde. Pero para hacer la experiencia de tener una planta algo mucho más inmersivo, Mother Earth contaba con una oferta especial: si comprabas una planta, obtenías un disco diseñado para ella[2].

El disco, llamado «Mother Earth's Plantasia», fue un trabajo del músico canadiense Mort Garson, publicado en 1976. Este disco no solo fue pionero en el género de la música electrónica y el uso del sintetizador, sino también en el peculiar público escogido para su disfrute: plantas. Con títulos tan llamativos como «Concierto para filodendro y poto» o «No tienes que pasear una begonia», el contenido del disco era «música de tierra cálida para las plantas... Y para las personas que las aman» como podía leerse en la portada del mismo. Se cree que la inspiración para este disco, más allá de una simple colaboración comercial, viene del interés que Garson tenía hacia las plantas. O, mejor dicho, que su esposa Maggie le contagió. A pesar de la originalidad de esta propuesta y la calidad de la misma, Plantasia pasó desapercibida durante varias décadas. En palabras de la discográfica que redescubrió el disco en los 2000, fue debido a que su autor era «tan discreto como un *Chlorophytum comosum*». Fue en este momento cuando se convirtió en una obra de culto, y cómo, al ser salvada de la extinción, llegó a mí durante las convulsiones de la adolescencia en el 2016. Además de ser un gran compositor, capaz de capturar la esencia de la vida vegetal en canciones bucólicas que parecen haber sido sacadas de un feliz sueño, Garson hizo algo increíble: ponerse en el lugar de las plantas. La idea del disco era simple. Pretendía que la música gustase a las plantas para que crecieran mejor. Y para saber qué le gusta a una planta, tienes que intentar pensar como ella. Echando a un lado todo lo que conocemos sobre la percepción del sonido en plantas y si en base a ello Plantasia es realmente del agrado o no de estos organismos, este disco es un ejercicio tan poco común como maravilloso. En un contexto en el que las plantas eran simplemente una vía para llegar a un fin (conectar con un plano superior, mejorar la salud propia, reducir el sufrimiento animal, etc.), Garson las dotó del protagonismo que merecen. Ellas eran el destino, no el medio para conseguirlo[2].

Porque, ¿alguna vez has pensado cómo es ser una planta? Viniendo de organismos animales como nosotros, con un estilo de vida tan distinto, es una tarea algo complicada. La mayoría de animales estamos dotados de la capacidad del desplazamiento, lo que nos permite hacer cosas verdaderamente increíbles. Si escuchamos a un predador en la distancia, podemos alejarnos por nuestra seguridad. Si vemos a una posible presa, podemos lanzarnos a la caza. Si el sol nos pega muy fuerte, podemos ir en busca de una agradable sombra. Incluso algunos, como las aves migratorias, son capaces de recorrer kilómetros en los cambios de estación para tener las mejores condiciones ambientales posibles. Pero por mucho que una planta se queme por el sol, su tierra se seque o los herbívoros se la coman, no puede levantar sus raíces del suelo y salir en busca de pastos más verdes. Cuando eres una planta, cambiarte de escenario para poder vivir mejor no es una opción. Debes jugar tus mejores cartas para poder proliferar allá donde por unos u otros azares del destino te haya tocado germinar. Las plantas nacen, viven y mueren en el mismo lugar, así que más les vale ponerse cómodas. Sí, pueden moverse para captar la luz de una forma más óptima o esquivar obstáculos con sus raíces, pero son incapaces de desplazarse. Esto las convierte en organismos sésiles, al igual que los percebes, las esponjas o los corales[3].

Así que, si quieren tener éxito, más les vale sacarse las castañas del fuego. Literalmente, en algunos casos.

Cuando un organismo no se encuentra en su óptimo fisiológico, se da un fenómeno conocido como estrés. Porque sí, no solo nosotros nos estresamos. También otros animales, bacterias, hongos, plantas y básicamente cualquier cosa viva puede estresarse. Centrándonos en las plantas, el estrés en estos organismos es habitualmente provocado por factores externos. Si son factores que tienen un origen biológico, como enfermedades bacterianas o predadores, son conocidos como estreses bióticos. Si por el contrario proceden de las condiciones fisicoquímicas del medio en el que viven, serán considerados estreses abióticos. En su día a día, las plantas deben combatir contra radiación ultravioleta elevada, deficiencias nutricionales, sequía, salinidad en el suelo, temperaturas extremas, alteraciones en la humedad ambiental, la fuerza del viento, sustancias tóxicas, bacterias, hongos y virus infecciosos, parásitos, herbívoros e incluso otras plantas, tan solo por nombrar algunos ejemplos[4].

Cuando eres una planta, todo el mundo es tu enemigo. O, al menos, tiene la potencialidad de serlo. Entonces, ¿cómo es posible que sean capaces de no solo sobrevivir a todo esto, sino de llegar a tener el éxito ecológico y evolutivo del que gozan en la actualidad? La respuesta es compleja. Tanto el comportamiento de las plantas frente a estas fuentes de estrés como sus características anatómicas son importantes factores a tener en cuenta.

Sin embargo, a lo largo de este libro nos vamos a centrar específicamente en una de las herramientas vegetales más fascinantes: los metabolitos secundarios[3, 5].

Pero no te dejes engañar por su nombre. Estas moléculas juegan un papel principal en la vida de nuestro planeta. Y la historia de nuestra especie no es más que un ejemplo de ello. Tanto, que están presentes hasta en los escenarios más cotidianos.

Piensa en qué has desayunado esta mañana. Seguramente, una taza de café, de té o de cacao en su defecto. Si eres de los míos, muy seguramente la hayas acompañado con una tostada, con ese tomate tan bueno que aún sabe a tomate. Un poco de aceite de oliva, de ese que te deja un ligero regusto amargo, no es mal aderezo. Por no hablar de unas hojas de albahaca, o un poco de orégano. Después de ello te lavarías los dientes con dentífrico, mentolado como los más populares. Lo creas o no, todas estas delicias son posibles gracias a algo que puede parecer poco apetecible a primera vista: armas químicas[5].

El café y el té contienen cafeína, y el cacao teobromina, todas ellas moléculas vegetales con un efecto estimulante en el sistema nervioso que, a dosis altas, resulta tóxico. El tomate (especialmente el que sabe a tomate) cuenta con varios compuestos químicos fundamentales para repeler a los insectos herbívoros. El sabor amargo del aceite de oliva viene de moléculas como la oleuropeína, importantes en la defensa antioxidante y antibacteriana de los olivos. Moléculas que cumplen una función similar a los compuestos responsables del sabor del orégano, la albahaca o la pasta de dientes.

Todas estas moléculas tienen una función clara más allá de satisfacer a tu sentido del gusto: defender a las plantas de las amenazas del entorno. Y en muchas ocasiones se comportan como auténticos artilugios bélicos. No soy particularmente partidario de estudiar el fenómeno de la vida bajo una mirada belicista, pero es una de las mejores analogías para comprender mejor este aspecto de la biología.

Pero, ¿qué son exactamente esos metabolitos secundarios? ¿Y qué tienen que ver con todo esto?

En pocas palabras, podría categorizarse el metabolismo vegetal en dos grandes bloques. Algo que no debería hacerse en biología, porque en esta rama de la ciencia casi nunca algo es blanco o negro, y suele tratarse de una escala cromática bastante amplia. Pero, para simplificar las cosas, hablaremos en estos términos. Por una parte, tenemos el metabolismo primario, encargado de hacer que la planta sea capaz de mantenerse a sí misma. Procesos como la fotosíntesis, la respiración o el crecimiento de la propia planta pertenecen a esta vertiente del metabolismo. Pero la planta tiene otras muchas preocupaciones más allá de hacer que su cuerpo siga funcionando. Debe protegerse de herbívoros, luchar contra enfermedades, buscar polinizadores o relacionarse con otras plantas. Es aquí donde entra el metabolismo secundario, que se manifiesta a través de moléculas especializadas capaces de cumplir funciones concretas. Los antibióticos de origen vegetal o los pigmentos que les dan esos colores tan atractivos a los frutos son un ejemplo de metabolitos secundarios. También entran de esta categoría los venenos vegetales, el tipo de metabolito secundario en el que nos centraremos en las siguientes páginas. En los últimos años, muchos científicos prefieren llamarlos metabolitos especializados dado el grado de precisión al que son capaces de actuar, de tal forma que a lo largo del libro me referiré a estas moléculas de ambas formas[5].

A pesar de tratarse de moléculas tan sumamente diversas, en la actualidad se conocen unos 200 000 metabolitos especializados de origen vegetal. Un número relativamente bajo si tenemos en cuenta que se han descrito unas 391 000 especies de plantas[181]. Al ver estos datos, uno podría pensar que no todas las plantas tienen metabolitos secundarios, y solo algunas especies cuentan con la capacidad de producir estas interesantes moléculas. Al fin y al cabo, no todas las plantas que conoces son tóxicas, ¿no?

Algo que ha llamado mucho la atención a los biólogos recientemente es el hecho de que, cuando una planta tiene problemas para producir este tipo de moléculas, no muere de forma instantánea. Pero la vida que le espera no será precisamente un camino de rosas.

Los metabolitos especializados de las plantas no cuentan con ningún papel vital en el funcionamiento intrínseco de la propia planta, pero sí son sumamente importantes cuando es introducida en el contexto del ecosistema. Las plantas sin metabolismo secundario no son capaces de defenderse de enfermedades infecciosas, ni del ataque de insectos herbívoros. Tampoco podrán lanzar mensajes químicos con los que atraer a polinizadores y dispersores de semillas. Aunque vivan lo suficiente como para llegar a la edad reproductiva, dejar descendencia se convierte en una tarea titánica. Las plantas sin metabolismo secundario son como cobras sin colmillos, despojadas de sus dones tóxicos y condenadas a sobrevivir sin ellos[6].

Con esto en mente, tiene sentido pensar que todas las plantas cuenten con un metabolismo secundario activo, el cual les permite desenvolverse bien contra las dificultades que les plantea su mundo. Entonces, ¿por qué existe esa diferencia en las cifras?

La vida es un fenómeno bastante eficiente. Cuando un mecanismo tiene éxito en un ser vivo, es muy posible que también lo tenga en otro. Puede que distintas formas de vida, sin nada que ver entre sí, lleguen a la misma solución. A esto se le llama evolución convergente, porque trayectorias evolutivas que parten de puntos muy distintos acaban cruzándose en uno común. Los insectos y las aves tienen alas, pero no por ello su origen evolutivo es el mismo.

También puede suceder que, aunque distintos organismos hayan seguido historias muy distintas en su evolución, aún conserven rasgos de su origen común. Ejemplo de ello es la molécula de la melatonina, un compuesto de naturaleza hormonal muy importante en la historia natural de nuestro planeta. En los animales diurnos, como es nuestro caso, la melatonina sirve para regular el sueño y la vigilia. Altas cantidades de melatonina están directamente relacionadas con una mayor somnolencia, por lo que antes de dormir podemos observar un elevado pico de melatonina en nuestro organismo. Podríamos pensar que los animales nocturnos, cuyos ciclos diarios son completamente opuestos a los nuestros, cuentan con mecanismos moleculares propios para regular su metabolismo. Sin embargo, no tienen nada de novedoso. Mientras que a nosotros la melatonina nos induce sueño acabado el día, esta molécula es capaz de estimular la actividad de los murciélagos, búhos y demás animales de la noche. Incluso las plantas, que comparadas con nosotros pueden parecer formas de vida alienígena, también tienen melatonina. Conocida como fitomelatonina, regula procesos tan importantes en la vida de la planta como la germinación de las semillas, el enraizamiento, los tropismos (es decir, el crecimiento con relación a un estímulo como puede ser la gravedad del planeta o la humedad del suelo) o la floración. Pero no solo está presente en animales y plantas: todos los seres vivos son productores de melatonina, lo que implica que fue una de las primeras moléculas en aparecer en la historia evolutiva de la Tierra.

Teniendo en cuenta cómo la misma molécula puede ser efectiva en grupos de seres vivos tan diferentes, no es extraño pensar que un metabolito secundario resulte útil para varias especies distintas de plantas[7].

Esta explicación se basa en la taxonomía, la rama de la biología que estudia las relaciones evolutivas entre los seres vivos. Tomemos el caso de la amigdalina, un glucósido cianogénico. O, en otras palabras, una molécula derivada del azúcar capaz de producir cianuro. Esta toxina está presente en las semillas de todas las plantas de la familia de las rosáceas. Almendros, albaricoqueros, cerezos, manzanos, rosas, ciruelos y melocotoneros contienen amigdalina. Al parecer, el ancestro común del que proceden todas estas plantas era capaz de producir amigdalina como método de defensa, útil a la hora de combatir a los herbívoros, especialmente aquellos que atentaran con dañar sus preciadas semillas. Este mecanismo quedó fijado en su trayectoria evolutiva, de tal forma que sus descendientes cuentan con este recurso químico[8].

Además de la explicación meramente taxonómica, también puede explicarse la aparición de toxinas desde una perspectiva más ecosistémica. Que no solo se centra en el linaje de los seres vivos, sino también en las circunstancias que les hacen ser como son. Las armas químicas no son algo exclusivo de los humanos. Ni mucho menos de las plantas. Sabemos que también existen animales, bacterias, algas, líquenes y hongos venenosos, entre otros muchos. No obstante, parece haber una clara tendencia a aumentar tu arsenal químico cuando el físico poco puede dar de sí. Los organismos sésiles, al andar cortos (nunca mejor dicho) o directamente carecer de mecanismos de acción rápida con los que defenderse, recurren a una útil herramienta: veneno.

Tener un cuerpo dendromorfo (es decir, con aspecto de planta) hace que tu forma de interactuar con el mundo sea más... vegetal. De hecho, algunos lirios de mar (que a pesar de tener tal nombre son en realidad parientes cercanos de las estrellas y erizos de mar) no solo se parecen a las plantas en mera apariencia. Estos animales producen las mismas moléculas defensivas que pueden encontrarse en algunas hierbas terrestres. Esto mismo fue observado al analizar los compuestos metabolizados por *Anneisia japonica*, un crinoideo que crece en las costas de Japón y Corea del Sur. Este animal, capaz de vivir a más de 250 metros de profundidad, produce JCer-1, un metabolito también encontrado en la planta terrestre *Arisaema amurense*, habitante de bosques rusos, coreanos y chinos de hasta 200 metros de altura.

Dos organismos, con orígenes y hábitats tan distintos que nunca llegarán a conocerse, llegan a la misma conclusión[9].

Antes de seguir, me gustaría dejar una cosa clara: una planta no produce un solo y único metabolito. Aunque uno de ellos sea el protagonista, pretender que los efectos asociados a la intoxicación provocada por especie se deben a una única molécula es reduccionista. La medicina occidental contemporánea suele operar bajo el principio de: una molécula = un efecto deseado, cuando en la naturaleza los principios activos rara vez vienen purificados, aislados y listos para consumo. Si a lo largo de estas páginas me centro en moléculas muy específicas dentro del gran universo químico de cada especie, es principalmente porque abordar todas y cada una de las sinergias moleculares sería algo imposible. Mucha de la bibliografía viene sesgada, pues en muchos ensayos clínicos solo se estudia el efecto que una molécula pueda tener sobre el cuerpo animal. A nivel experimental, te puedo asegurar que intentar contar con todas las variables químicas puede llegar a ser un auténtico infierno, así que entiendo el reduccionismo académico. No me malinterpretes, no quiero decir con ello que los metabolitos que consumimos en nuestros medicamentos, perfectamente optimizados para su uso terapéutico, sean peores que su contraparte natural. De hecho, muchos de ellos no se encuentran en la cantidad necesaria en sus plantas de origen como para lograr los efectos deseados, o sería necesario consumir una cantidad muy elevada de materia vegetal para obtener resultados significativos. Ya sea para bien o para mal.

1

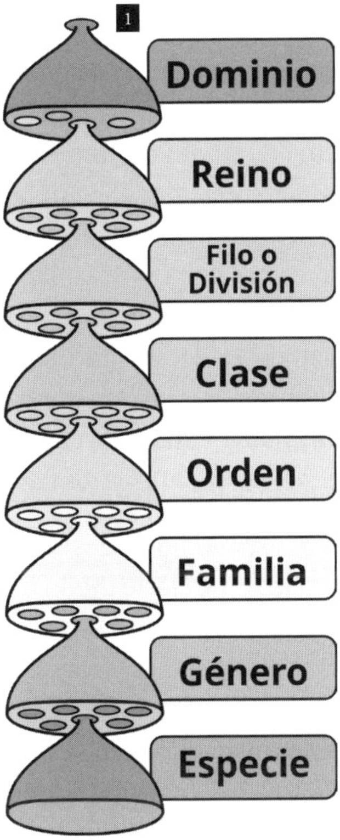

2

3

4

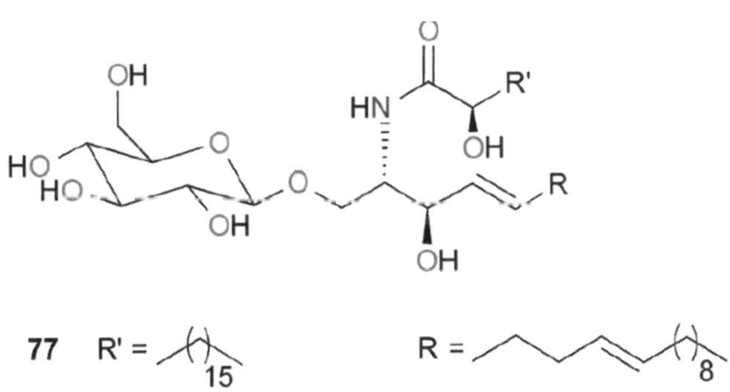

77

1. Jerarquía de los distintos rangos taxonómicos.

2. Fotografía de *Anneisia japónica.*

3. Fotografía de *Arisaema amurense.*

4. Estructura química del glucocerebrósido JCer-1, destacado entre los investigadores por su actividad anti-hepatotóxica.

Pero… ¿qué estamos haciendo, hablando de veneno sin haber definido qué es eso siquiera? ¿Qué queremos decir realmente cuando catalogamos una sustancia como venenosa? Si piensas en veneno, seguramente se te venga a la cabeza una poción verde con el símbolo de una calavera. Una advertencia de peligro. Nada más lejos de la realidad. Según la Real Academia de la Lengua Española, se clasifica como *veneno* cualquier sustancia, tanto orgánica como inorgánica, capaz de provocar daños en un organismo. Por su parte, el término *toxina* hace referencia a aquellas sustancias venenosas que tienen origen orgánico. En ese sentido, todas las toxinas son venenos, pero no todos los venenos son toxinas. A pesar de esta diferencia, ambos términos se usan indiscriminadamente. Para considerar a una sustancia como venenosa hemos de tener en cuenta varios factores.

Seguro que alguna vez has escuchado eso de que «solo la dosis hace al veneno», palabras del mítico alquimista Paracelso. Y, en cierto modo, siguen siendo ciertas. Todo es veneno y nada es veneno. La dosis determinará su letalidad. También es importante considerar para quién es venenosa una sustancia. Los médicos consideran como venenoso algo cuando puede dañar al cuerpo humano. Pero nosotros, los científicos biológicos, tenemos una visión más amplia que esta definición. Si una molécula es mortal para una bacteria, por muy inocua que sea para nosotros, será venenosa. Solo que nosotros no somos los protagonistas de esta relación tóxica. Este tipo de moléculas son conocidas popularmente como antibióticos, y, sin ellos, la historia de nuestra especie sería mucho más corta. Tomemos como ejemplo el chocolate. La planta del cacao, así como los productos derivados de la misma, contienen moléculas del grupo de las metilxantinas, de naturaleza alcaloide. No te preocupes si no sabes lo que significa esto, lo comprenderás en las próximas páginas. Las metilxantinas más conocidas son la teobromina y la cafeína, presentes en cualquier dulce de chocolate común y corriente. Una tableta de chocolate con un 55 % de cacao contiene de 5 a 8,5 mg de teobromina por cada gramo, mientras que el contenido de cafeína ronda entre los 0,5 y 2,6 mg/g. Para los humanos, ingerir estos metabolitos en dichas cantidades no tiene ningún efecto adverso (aunque para aquellos de nuestra especie con dimensiones menores, como los niños, puede resultar estimulante). Sin embargo, esta dosis es capaz de hacer enfermar a otros animales, como los perros. En estos animales, la sintomatología del envenenamiento por teobromina y cafeína va desde excesos de salivación y nerviosismo hasta vómitos, problemas cardiacos y alteraciones en el sistema nervioso. Síntomas que pueden llevar a situaciones más graves sin el correcto tratamiento. Esto no solo se produce porque los perros tengan menor tolerancia a estas moléculas, sino porque además son menos eficientes que nosotros en cuanto a metabolizar estas sustancias se refiere. Lo cierto es que, en la planta del cacao, las metilxantinas funcionan como un mecanismo de defensa, protegiendo a la planta del ataque de insectos herbívoros. Para estos pequeños animales, tanto la cafeína como la teobromina son una auténtica bomba para su sistema nervioso. Estas moléculas funcionan como insecticidas naturales de elevada eficacia. El método de administración también es otro dato importante a tener en cuenta. La teobromina y la cafeína solo son tóxicas para animales como perros o gatos si es ingerida o entra al sistema circulatorio por alguna otra vía, pero nada más. Si tu perro toca accidentalmente una pieza de chocolate, no hay peligro alguno. Más allá, claro está, de que decida pegarle un buen lametón[10].

El mundo de los venenos es tan complejo como fascinante. Podemos hablar de venenos como la solanina, una toxina hemolítica presente en las patatas capaz de hacer que nuestros glóbulos rojos exploten (en el más literal de los sentidos)[11]. Existen también neurotoxinas, que alteran el funcionamiento del sistema nervioso, como la alucinógena mescalina[12]. Por no hablar de aquellos que juegan con el funcionamiento más elemental de nuestras células[13]. En cuanto a su bioquímica, también hay varias opciones. Las toxinas vegetales pueden ser proteínas, alcaloides, terpenos, polifenoles... Son sumamente diversos. Casi tanto como los usos que les hemos encontrado.

En ese aspecto, decir que una planta es venenosa es como decir que un cuchillo corta. Esta planta mata, igual que lo puede hacer un cuchillo. Pero las cosas no son tan simples. ¿Cómo es el cuchillo? ¿Es de tipo *bowie*, *kukri* o una típica navaja albaceteña? ¿Tiene un solo filo o dos? ¿Sus bordes son serrados o lisos? ¿Cuál es su longitud? ¿Qué forma tiene su punta? Son detalles que, tanto aquellos que desean blandirlos con la mayor destreza posible como los enfermeros y cirujanos interesados en sanar las heridas que puedan causar, deben conocer. Si lo miramos desde el punto de vista objetivo, un cuchillo no es otra cosa que una pieza de metal afilada. Un ente inerte que, sin alguien que lo empuñe, ni pincha ni corta. No es inherentemente un arma, pero tampoco un artilugio de cocina. El cuchillo es una herramienta, y el uso de la misma dependerá de las intenciones de quien la emplee. Por extraño que parezca, lo mismo sucede con los venenos. El uso que se les dé trasciende a su naturaleza material. Y, como cualquier herramienta, pueden ser empuñados con gran versatilidad.

Más que preguntarnos qué hace o no un veneno, deberíamos cuestionarnos las intenciones de la mano que los porta. Intenciones que, en ocasiones, son mucho más ponzoñosas.

CAPÍTULO 2.

De hojas a manos

Los venenos son algo completamente común en la naturaleza. No hay ninguna discusión sobre eso. Son un elemento más del medio, como la tierra, los animales o las bacterias. Igual que las plantas que pueden producirlos, sumamente dinámicas a pesar de su incapacidad para desplazarse, también lo son los ecosistemas de los que forman parte.

Los ecosistemas pueden ser tan pequeños como una gota de agua o tan grandes como una montaña. Para que funcionen correctamente, todos y cada uno de los elementos involucrados en estos deben interaccionar entre sí como es debido. No solamente sus componentes físicos y químicos, como pueden ser el agua o la cantidad de luz solar, sino también los biológicos. La parte realmente viva del ecosistema. La que crece, se come, mata y se alía con ella misma para permitir que todo siga adelante.

A medida que los ecosistemas maduran, se suman más y más variables, que establecen entre ellas nuevas relaciones. Con el paso de los milenios, la mano de la evolución ha amoldado a cada uno de estos componentes de tal forma que encajan a la perfección entre sí. Tanto, que a veces cuesta diferenciar dónde acaba uno y dónde empieza otro[14].

Las plantas son unas maestras en cuanto a crear nuevas relaciones. Cuando no puedes desplazarte, muchas cosas necesarias para tu supervivencia y la de los tuyos necesitan una ayuda extra. Es ahí cuando establecen relaciones de mutualismo con otras plantas que, por ejemplo, aportan constantemente nutrientes al suelo o ayudan a que este permanezca húmedo. Echan mano de muchos animales para polinizar sus flores (aquellas plantas que las tengan, claro está), llegando en algunas ocasiones a ser tan estrecha esta relación que un polinizador solo puede alimentarse de una especie de planta en concreto, o que dicha planta solo puede ser fecundada mediante la participación de un solo animal.

Su sésil estilo de vida no solo las lleva a formar alianzas, sino también enemistades. Existen especies de plantas que compiten ferozmente entre ellas por el suelo y la luz disponibles, llevando a cabo encarnizadas batallas que pasan desapercibidas frente a nuestros ojos. También son capaces de levantarse en armas contra aquellos que amenacen su seguridad, como los insaciables herbívoros que consideran sus cuerpos una auténtica delicia[6].

En la mayoría de organismos, las relaciones que pueden o no crear en el ecosistema quedan limitadas por su biología más básica. Pueden hacer aquello que sus cuerpos les permitan hacer. Es así como un pájaro puede volar, pero no un mono. O cómo es imposible para un árbol crecer en piedra recién formada, mientras que este escenario sumamente común para muchas especies de musgos. Las posibilidades son finitas, constreñidas por la carne que habitamos.

Algunos animales, como los pulpos, los cuervos o los primates, conseguimos escapar en cierto modo de esta limitación. Tenemos una especial afición por enredar aún más el complejo tejido de las relaciones ecosistémicas. Aunque a primera vista parezcamos completamente distintos, tenemos varias cosas en común. Nuestra inteligencia nos hace capaces de imaginar nuevas conexiones entre los elementos existentes en el medio y nuestras necesidades. Por otro lado, nuestra anatomía nos permite llevarlas a cabo. Es así como tomamos piedras, conchas, o palitos que una vez fueron parte de una planta y les damos un uso que, si bien de primeras puede no ser muy evidente, nos ayuda a cumplir con nuestros deseos. Es así como aparecen las herramientas. Y con ellas, una nueva dimensión de posibilidades[15].

Un primate está morfológicamente incapacitado para el vuelo, pero nuestros globos, aviones y helicópteros nos han dado las alas que nuestros cuerpos nunca podrán producir.

Por mucho que nos cueste creerlo, los seres humanos somos parte del ecosistema. Sí: tú, al igual que los protozoos que nadan en el charco que acaba de dejar la lluvia frente a tu ventana, los líquenes que decoran el hueco entre unas piedras o los pájaros que vuelan sobre tu cabeza.

Si no te sientes en profunda conexión con el ecosistema en el que habitas, no es nada raro. Nuestro actual modo de vida nos ha llevado a estar en una descontextualización biológica de forma crónica. Somos un pobre mono al que han arrancado de su árbol, le han puesto una corbata y le han mandado a pudrirse bajo la luz mortecina de una oficina. Vivimos en entornos cada vez menos naturalizados y más artificiales. Entornos que, para satisfacer al sistema bajo el cual vivimos, rompen los ciclos y procesos de la naturaleza sin ningún tipo de miramientos. Ejemplo de ello está en cómo la mayoría de horarios laborales y escolares son incompatibles con el normal ciclo de sueño de los seres humanos, o cómo las ciudades son ecosistemas-sumidero, que se alimentan de los recursos de otros para seguir adelante[16].

Estar perpetuamente alejados de la naturaleza nos hace sentirnos fuera de ella. Nos vemos a nosotros mismos como un agente extraño que poco tiene que ver en este mundo. Y que, si en algún punto interactúa con este, sea para mal. No es de extrañar que, en este contexto, crezca un profundo sentimiento de misantropía entre los miembros de nuestra propia especie. Ese odio al ser humano que nos hace mirar al exterior con pena y al interior con el mayor de los desapegos. Menos aún si tenemos en cuenta las innumerables evidencias que nos señalan como los culpables de problemas ambientales tan graves como el cambio climático, la destrucción de hábitats o la pérdida de biodiversidad por extinción de especies. Elementos que, si bien han precisado de miles o millones de años para surgir, pueden desaparecer en pocas décadas[17].

Pero existe también otra infinidad de muestras que dejan de manifiesto que, en efecto, somos una pieza más de este todo biológico. Muchas de ellas tienen que ver con la relación que compartimos con las plantas. Dispersamos sus semillas al llevarlas con nosotros allá donde vamos, controlamos su población al cosechar sus cuerpos, aumentamos su biodiversidad al seleccionar y preservar variedades distintas durante generaciones... Incluso hemos descubierto cómo aprovechar los poderosos recursos que guardan en su interior[18].

Cuando pensamos en herramientas, se nos vienen a la cabeza objetos sólidos, como un martillo, un cuchillo, un hacha, un lápiz, unas tijeras o un ordenador. Pero nuestro repertorio no acaba aquí. Igual que somos capaces de tomar un trozo de madera y convertirlo en un utensilio a nuestro antojo, podemos dar un pasito más allá y hacer uso de los metabolitos que se encuentren en este. Es así como obtenemos un nuevo e interesante tipo de útiles: las herramientas químicas.

Quizá tú no seas capaz de reconocer a las plantas tóxicas con las que compartas ecosistema, aunque las tengas delante, ni sepas exactamente qué parte, cómo y en qué contexto puedan resultar útiles. Pero hace no tantas generaciones este conocimiento era parte del día a día. Es difícil reconstruir cómo evolucionó nuestra forma de interactuar con estos seres vivos a lo largo de nuestra historia evolutiva, pero un rápido vistazo a nuestros parientes más cercanos nos puede dar una ligera idea.

Los primates no humanos, especialmente los más cercanos a nosotros como pueden ser los chimpancés o los orangutanes, han desarrollado su propia medicina gracias al uso de plantas. Estas plantas cuentan con moléculas que, si bien para ellas mismas resultan clave en su supervivencia, pueden ser de gran uso para los animales a la hora de tratar heridas. De hecho, es muy probable que, sin este remedio en forma de hoja masticada, estas heridas se infecten y puedan llevar al primate afectado a la muerte[19].

Es en parte gracias a estas moléculas que nuestra especie ha conseguido alargar su esperanza de vida, mejorar sus cuidados y crecer en número. Siendo más y más sanos, fuimos capaces de aventurarnos en nuevos terrenos, trayendo a nuestras tóxicas cómplices allá donde fuéramos. Aprendimos de ellas a usar el veneno de un modo similar, volviéndonos predadores más poderosos. Doblegamos sus toxinas para alimentarnos de especies que, sin nuestros conocimientos, serían incomestibles. Incluso creamos complejos sistemas de creencias en base a cómo sus métodos defensivos afectan a nuestras mentes, moldeando el transcurso de culturas enteras.

Cada vez que nos percibimos fuera de la naturaleza, que negamos que el ser humano es una parte del ecosistema, también lo hacemos con esta compleja historia evolutiva que ha hecho a nuestro mundo y a nuestras especies ser como son. Una historia tan compleja que es necesario todo el planeta para contarla.

Te aseguro que cada semilla, cada mano, cada hoja, cada ojo, cada flor, cada boca y cada vida que ha formado parte de ella en algún momento han merecido la pena. Desde la primera hasta la última.

Comprendo que, ante un escenario tan desolador como al que nos enfrentamos, odiar es algo instintivo. Pero más aún lo es amar. Y esta historia, por ponzoñosa y tóxica que sea, merece un poco de ese afecto natural que, como animales sociales, nos caracteriza.

PARTE II

BOTÁNICA BÉLICA

«Murder lives forever and so does war.
It's survival of the fittest, rich against the poor
At the end of the day, it's a human trait
Hidden deep down inside of our DNA.»[*]

Savages, Marina

[*] *El asesinato vive para siempre y así lo hace la guerra.*
Es la supervivencia del más apto, ricos contra pobres
Al final del día, es un rasgo humano
Bien escondido en nuestro ADN.

CAPÍTULO 3.

Armas ancestrales

El sol se pone en el infinito horizonte de una pradera en Sudáfrica, dejando paso a las temperaturas más frescas que preceden a la noche. Un grupo de búfalos ramonea la hierba corta que crece en la sabana mientras algunos picabueyes aletean de aquí para allá. Con precisión quirúrgica, estas aves eliminan a los molestos parásitos que recorren la piel de los bueyes. No hay leones a la vista. Tampoco hienas, y están lo suficientemente alejados del agua como para que los cocodrilos no sean una amenaza. Parece que la manada puede descansar después de un extenuante día caminando bajo los implacables rayos del sol sudafricano. Un individuo decide alejarse unos metros del resto, con la intención de hincarle el diente a una planta joven a quien el calor de la sabana no le ha arrebatado su tierno verde. El búfalo permanece tranquilo, a pesar de haber cometido un fatal error de cálculo. Que las amenazas no se hallen a la vista no significa que estés libre de ellas. Antes de que su gran cuerpo pueda reaccionar, algo se lanza sobre su muslo, provocándole un dolor punzante. No son las uñas de un gran felino ni los colmillos de una víbora los que le han causado ese daño. De hecho, su agresor ni siquiera está vivo, pero es igualmente letal. El quejido del animal es suficiente para poner en marcha todos los protocolos de alerta de la manada, levantando una nube de polvo en su huida.

Los búfalos se alejan del lugar en forma de estampida, pero este evento no pasa desapercibido. Un grupo de cazadores los observa, prestando especial atención al individuo dañado. El arquero sabe que su flecha no ha podido penetrar las gruesas capas de piel, grasa y músculo del animal. Es plenamente consciente de que era demasiado pequeña como para acabar con la presa en el acto. Pero también está tranquilo, pues sabe que todo eso no es necesario. El veneno que descansa en la punta de su flecha será suficiente para fulminarlo.

Los San, también conocidos como basarawa o bosquimanos, son un compendio de tribus distribuidas en el sur del continente africano, a lo largo del desierto del Kalahari. Aunque muchas veces se piensa en ellos como un pueblo anclado en la prehistoria, la realidad dista mucho de esta idea. La gran mayoría de ellos se dedican en la actualidad a la agricultura y la ganadería, usándolas como medio para sobrevivir a la violencia sistemática a la que han sido sometidos tanto por las distintas oleadas de colonización que ha sufrido África como a las medidas que los gobiernos de sus países residentes han tenido contra ellos. El pueblo San tiene un patrimonio cultural muy antiguo, y algunas de sus costumbres se mantienen casi intactas desde sus orígenes. Una de ellas es la caza, y aunque en las últimas décadas haya entrado en declive, sigue siendo igual de poderosa que en su origen. Los San cazan una gran variedad de presas, desde animales de pequeño porte hasta presas de caza mayor. Para ello, hacen un excepcional uso de una de sus armas predilectas: el arco y la flecha[20].

Los arcos empleados por los San son largos, compuestos de una sola pieza de madera y una cuerda. Simples, pero efectivos. El verdadero protagonismo de la arquería San reside en sus flechas. Concretamente en sus puntas. Suelen tener forma de aguja y pueden encontrarse de varios materiales, como distintos tipos de metales, aunque tradicionalmente se confeccionan con los huesos de presas anteriores. Al igual que el resto de la flecha, son delgadas, pero estables y lo suficientemente resistentes como para aguantar el impacto contra la presa. Estas estilizadas flechas pueden utilizarse para cazar presas de pequeño tamaño, pues son capaces de llegar a sus órganos vitales y causar una muerte rápida al animal, pero curiosamente también son efectivas contra presas de mayor porte, como antílopes o búfalos. Incluso sirven como método de defensa contra predadores, como grandes felinos y perros salvajes. ¿Cómo es posible esto?

Al igual que en otras muchas preguntas a lo largo de estas páginas, la respuesta está en las plantas. Los San conocen a la perfección su ecosistema, y no dudan en hacer uso de los recursos disponibles. No solo son grandes cazadores, sino también maestros recolectores, y saben usar esta información para tareas más complejas que recoger las bayas más dulces o desenterrar nutritivos tubérculos. También saben cosechar el poder mortal de las plantas a su conveniencia. Para sus cacerías, los San preparan complejas mezclas de venenos que resultan fundamentales para el correcto funcionamiento de sus flechas. Estos pueden venir de animales, principalmente las ranas del caucho (*Phrynomantis bifasciatus*) o los escarabajos del género *Diamphidia*. Estos escarabajos son muy importantes en la caza de los San, pues la diamphotoxina que albergan sus larvas y pupas es capaz de romper las membranas de los glóbulos rojos animales, lo que causa un fenómeno conocido como hemólisis. Sin glóbulos rojos funcionales, el animal no puede transportar nutrientes correctamente por su torrente sanguíneo, lo que lleva a la extenuación de la víctima y fallos orgánicos que en la mayoría de los casos acaban en la muerte de esta[21].

Pero los San también emplean una gran variedad de plantas para crear sus mezclas tóxicas. De hecho, existe una planta cuyo nombre común es «veneno de bosquimano» debido al uso tradicional que los cazadores San le han encontrado[20, 21]. Conocida por el nombre científico de *Adenium boehmianum*, todos los tejidos de la planta (especialmente la corteza y las raíces) están cargados de moléculas tóxicas. Esta planta de tallo rechoncho y flores llamativas pertenece a la familia *Apocynaceae*, un grupo de plantas con una gran cantidad de moléculas bioactivas. De entre todos los metabolitos especializados encontrados en esta familia destaca el grupo de los glicósidos cardiotónicos. Estas moléculas, como la oleandrigenina encontrada en el género *Adenium*, alteran el normal funcionamiento del corazón. Para que el corazón tenga latidos, debe tener lugar la contracción de los cardiomiocitos (las células musculares del corazón). La contracción muscular es un proceso complejo pero, en resumidas cuentas, para que suceda debe de haber cambios en los niveles de calcio del cardiomiocito. Existen unas proteínas conocidas como canales de calcio, que son exactamente eso: conductos celulares que permiten la entrada y salida de calcio según las necesidades de la célula. La oleandrigenina y otras moléculas emparentadas bloquean estos canales, impidiendo el flujo normal del calcio y por consiguiente la contracción muscular. Entrar en contacto estrecho con estas sustancias, como sucede al ser herido con una flecha envenenada, da lugar a arritmias y problemas cardíacos. En caso de que la dosis sea muy elevada o de que la víctima tenga patologías cardiacas previas, puede resultar mortal en un espacio de tiempo muy corto[22].

Algo curioso es que los humanos no somos los únicos animales en hacer uso de estas toxinas prestadas de las plantas. Muchas especies de mariposa, como la archiconocida mariposa monarca (*Danaus plexippus*), ponen sus huevos en una planta nutricia, de la que se alimentará su descendencia. En el caso de la monarca, se trata de plantas del género *Asclepias*, ricas en la cardiotoxina ouabaína. Al alimentarse de estas plantas, sus toxinas pasan a formar parte de los tejidos de las orugas, y posteriormente de las mariposas en las que se convertirán, haciéndolas venenosas. Una vez llegada la adultez, la cantidad de toxinas almacenadas por una mariposa monarca es suficiente para matar de un infarto a las aves predatorias que intenten convertirlas en su comida[23].

Seguramente este es el uso más evidente que puedan tener las plantas venenosas, y el primero que se te venga a la cabeza. No eres el primer humano en pensar tal cosa, ni de lejos serás el último. No es extraño pues pensar que este sea también una de las primeras aplicaciones que nuestra especie encontró a este recurso natural: una poderosa arma.

Usualmente los cazadores San impregnan sus flechas con venenos de ambas naturalezas (animal y vegetal), causando un efecto sinérgico en la presa. La bioactividad de un veneno se complementa con la de otro, teniendo consecuencias devastadoras en el pobre animal que tenga la desgracia de cruzarse con ellos. Sin embargo, hay varios factores que pueden condicionar la elección del cazador a la hora de crear su cóctel personal. El primero es la disponibilidad de los recursos. Los animales, a diferencia de las plantas, se desplazan, por lo que según la época del año pueden resultar más o menos esquivos. Por otro lado, las toxinas animales tienden a ser menos longevas que las vegetales. Pierden su efectividad con rapidez y deben usarse en un periodo de tiempo más corto. Un ejemplo de ello es una flecha encontrada en Namibia. A pesar de tener unos 90 años de antigüedad, los venenos que permanecían adheridos a la punta de la flecha aún presentaban carácter bioactivo. Es decir, los venenos seguían cumpliendo su función. Para intentar descifrar qué toxinas habrían sido usadas en esta flecha, se realizaron análisis de cromatografía líquida de alto rendimiento, tecnología que permite descifrar molécula por molécula la composición de una mezcla orgánica compleja. Este tipo de técnicas son muy empleadas en la ciencia moderna, y resultan una herramienta muy útil para arrojar algo de luz a la incertidumbre que suele suponer la naturaleza. El análisis reveló la presencia de moléculas encontradas en varias especies de plantas venenosas, siendo estas *Strophanthus speciosus*, *Acokanthera oppositifolia* y *Euphorbia virosa*. De hecho, esta última planta, al igual que aquellas pertenecientes a su misma familia (*Euphorbiaceae*), son de gran interés para los cazadores de esta región de África[24].

Por muy exóticas que puedan sonar en un inicio, las plantas esta familia (también llamadas euforbiáceas) están ampliamente distribuidas por todo el mundo. Es más, seguramente tengas alguna en casa. Plantas como la llamada flor de pascua (*Euphorbia pulcherrima*), el árbol desnudo (*Euphorbia tirucalli*) o el árbol del veneno (*Euphorbia virosa*), que son empleadas en decoración, pertenecen a esta familia. Las plantas del género *Euphorbia* se caracterizan por desprender un látex lechoso cuando son heridas. Para la planta, este látex es un recurso muy útil. De primeras, su textura es densa, haciendo que las mandíbulas de los herbívoros se peguen y dificultando así la masticación. Cuando este látex se seca, crea una especie de tapón que evita el paso de organismos patógenos, reduciendo el riesgo de infección para la planta[25].

1. Dos miembros de la comunidad de los San del Kalahari, en Namibia, armados para cazar.
2. Fotografía de *Euphorbia virosa*, una de las plantas usadas por los San para cazar.

Esta capacidad de adhesión las hace idóneas en diversos trabajos manuales y artesanías, funcionando para los humanos como un pegamento natural. Los San emplean este látex para fijar las puntas de sus flechas al vástago (cuerpo central de la flecha), asegurándose que estas dos piezas permanezcan unidas durante todo el recorrido de la flecha. Lo importante no es que la flecha se incruste en lo más profundo del animal y perfore su corazón. Lo importante es, simplemente, que llegue a su cuerpo para liberar su contenido tóxico. En este ámbito las plantas de este género tienen también algo que decir, ya que, más allá de su maravilloso papel como cola natural, todas ellas son tóxicas. Es más: el látex de estas plantas es tan potente que, en caso de entrar en contacto con una mucosa (como puede ser la ocular, nasal o bucal), causa irritación aguda[22, 25]. Algo para nada agradable. Vistas así, las euforbiáceas dejan de parecer un plato tan apetecible para los herbívoros.

En la historia de las flechas envenenadas, este grupo de plantas tiene especial protagonismo. En el yacimiento sudafricano de Border Cave tuvo lugar uno de los descubrimientos más fascinantes en este campo. Los arqueólogos extrajeron varios artículos con gran similitud empleados por los San en la actualidad, pero había entre ellos una gran diferencia: estos objetos tenían una edad de entre 40 000 y 20 000 años. Se trata de algunos de los vestigios más antiguos de cultura San encontrados. Entre los hallazgos, aparecieron varias muestras que aún presentaban trazas de contenido orgánico. Si tenemos en cuenta la antigüedad de los objetos, este hecho es algo sorprendente. Los componentes orgánicos, como muchos venenos, son degradados por los organismos descomponedores y las condiciones adversas del entorno. Para nuestra suerte, el ambiente sumamente seco de Border Cave convirtió el yacimiento en una cámara del tiempo, permitiendo que lleguen hasta nuestros días piezas completamente orgánicas. Una de ellas medía unos 4 centímetros de grosor y, gracias al análisis de cromatografía, sabemos que está compuesta principalmente por cera de abeja, proteínas que seguramente proceden de huevos y materia vegetal procedente de *Euphorbia tirucalli*. Tanto por la composición como por la forma en la que esta pieza orgánica fue encontrada, los arqueólogos tienen varias teorías de qué uso podría habérsele dado a este mejunje prehistórico de hace unos 40 000 años. Algunos creen que podría tratarse de una preparación medicinal, pues en bajas dosis, los extractos de

Euphorbia tirucalli son usados como medicamento tradicional en varias culturas africanas. Por otro lado, otros expertos creen que podría tratarse de un pegamento similar al que usan los San en la actualidad para sujetar bien sus puntas de flecha. Incluso hay quienes creen que podría tratarse de una mezcla venenosa, aunque esta afirmación es algo arriesgada teniendo en cuenta la dosis necesaria de esta planta para neutralizar a una presa[26].

En este mismo lugar, en un estrato más joven, se encontró una curiosa pieza fragmentada de madera. Al reconstruirla medía 32 centímetros, aunque sus descubridores aseguran que sería más larga en un origen. Lo que llamó la atención de los investigadores fue su contenido. Aun tras los 24 000 años que la pieza llevaba en Border Cave, había restos de material orgánico adherido en uno de sus extremos y trazas a lo largo de todo su cuerpo. Los análisis revelaron la presencia de lípidos (es decir, grasas) de origen vegetal. Pero esta no era cualquier grasa. Se trataba de ácido ricinuleico, procedente de una especie bien conocida para aquellos que estudiamos a las plantas tóxicas: *Ricinnus comunis*, una de las más venenosas del mundo[26].

Conocida popularmente como higuera del diablo, árbol del castor, tártago o simplemente ricino, esta planta de hojas anchas y frutos pinchosos pertenece a la familia *Euphorbiaceae*, y cuenta con una de las toxinas más potentes de entre todos los seres vivos. Llamada ricina (porque, como puedes apreciar, los científicos no nos complicamos mucho la vida para ponerle nombre a las cosas), esta toxina es un tipo de proteína capaz de apagar tus células desde dentro. Dentro de nuestras células existen unos orgánulos llamados ribosomas que son los encargados de generar las proteínas que dichas células necesitan para funcionar con normalidad. Las proteínas pueden servir como estructura de soporte, como motores de reacciones metabólicas, como receptores de estímulos procedentes tanto del interior como del exterior de la célula, como moléculas de defensa... Como puedes ver, las proteínas son esenciales para la vida. La eficacia de la ricina reside en su capacidad para bloquear a los ribosomas e impedir que estos generen cualquier tipo de proteína, lo que lleva a errores en el funcionamiento de la célula y eventualmente en su muerte. Todos los seres vivos tienen ribosomas como parte de su estructura celular más elemental, por lo que la ricina es una toxina efectiva contra un gran número de organismos[13].

1

2

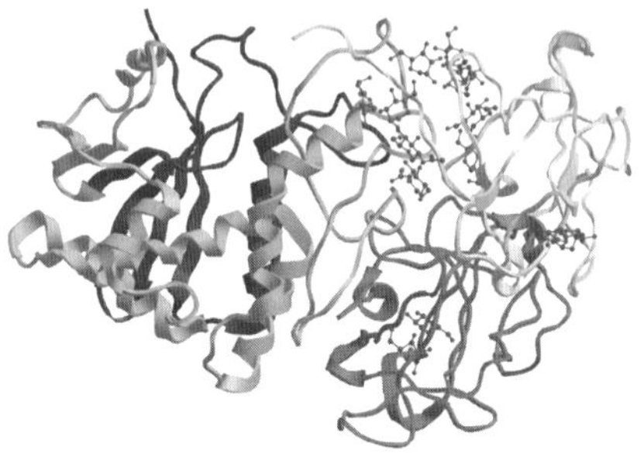

3

1. Ilustración de *Ricinus communis.*
2. Estructura molecular de la ricina.
3. Semillas de ricino.

El nombre de esta planta viene dado por la forma de sus semillas, cuyos llamativos patrones de color les dan similitud con animales tan peligrosos como las toxinas que albergan en su interior: las garrapatas. Estos patrones han sido de hecho el principal motivo de envenenamiento por ricino en humanos, especialmente en los miembros más jóvenes de nuestra especie. Existe una extensa bibliografía que refleja cómo los niños confunden las semillas del ricino con caramelos, llevando a graves casos de envenenamiento que en muchas ocasiones rozan la muerte. En un origen se cree que esta especie apareció en las zonas tropicales de África, pero los cambios en los patrones del clima que han sucedido desde su aparición y la dispersión llevada por la mano humana han hecho que esta especie esté distribuida por todo el mundo. En algunos lugares, como es el caso de España, el ricino tiene un comportamiento invasor. Aparte de suponer un peligro para la salud humana, pone en riesgo la salud de nuestros ecosistemas[27].

Pero ¿qué harían los humanos de Border Cave hace 24 000 años con una de las toxinas más potentes conocidas incluso en nuestros días? ¿Y qué hizo ese pobre palito para acabar embadurnado en ella?

En un principio, los investigadores creyeron que se trataría de una flecha partida, aún imbuida en veneno. Una opción factible si no fuera porque las flechas típicas de los San son mucho más rectas y lisas. El deterioro de la pieza por el paso del tiempo podría explicar por qué no cumple estos estándares, pero hay una explicación mucho más sencilla. Según la hipótesis más aceptada, el fragmento de madera no es una flecha, pero está estrechamente relacionado con ellas. Este objeto guarda un gran parecido con los artilugios que usan los San en nuestros días para almacenar y aplicar veneno sobre sus flechas[26].

Lo cierto es que el ricino es una excelente elección. Hay varios métodos para hacer llegar a las toxinas al interior de un animal, como la inhalación o la ingestión oral. Las flechas envenenadas se consideran un método de administración parenteral, es decir, entran dentro de la misma categoría que una jeringuilla. Al entrar al torrente sanguíneo de los animales de este modo, la ricina se expande rápidamente hasta llegar a todos los tejidos y órganos del cuerpo. No todas las células animales son iguales, su grado de especialización las dota de una distinta tolerancia a las toxinas, y la ricina no es una excepción. Hay células que sucumbirán antes al veneno que otras, llevando a la sintomatología del envenenamiento por ricino. La presa que reciba la flecha envenenada con extracto de ricino experimentará un intenso dolor en la herida producida por la flecha. Este dolor vendrá inmediatamente después del provocado por el proyectil, fruto de la gran muerte celular que está teniendo lugar en la zona directamente afectada por la toxina. Cientos de células incapaces de sintetizar una de las piezas clave de su existencia encuentran su agónico final. Después, a medida que la ricina llegue a través de la sangre a otras zonas del cuerpo, los tejidos comienzan a funcionar de forma errática. Debilidad general, fiebre, dolor abdominal, vómitos o hipertensión son algunos de los síntomas más comunes derivados de la intoxicación por ricino, y pueden prolongarse hasta varias horas posteriores al contacto inicial con la toxina. La duración de los síntomas depende tanto del tamaño de la presa como de la dosis administrada, por lo que los cazadores tendrán que seguir a su objetivo hasta que el veneno pueda con ella. Finalmente, la ricina provoca el fallo orgánico total, fulminando a la presa tras una dolorosa espera[13]. Curiosamente, el ricino no es una de las plantas predilectas por los San a la hora de crear fórmulas tóxicas para sus cacerías, por lo que se considera que el yacimiento de Border Cave representa una adaptación regional.

Sea como fuere, este aplicador de veneno resulta la evidencia más antigua de la existencia de flechas envenenadas encontrada hasta el momento, aunque muchos arqueólogos piensan que esta tecnología fue inventada varios milenios antes[26], cosa que no podremos saber hasta que no demos con otra joya arqueológica del calibre de Border Cave. Por fortuna, este yacimiento no es el único en el mundo.

A 2420 kilómetros de nuestro punto de partida, en otro extremo de África, nos encontramos con un nuevo lugar de especial importancia en la historia de las flechas envenenadas. Situado en Tanzania, concretamente en la isla Unguja perteneciente al archipiélago de Zanzíbar, se halla el yacimiento de Kuumbi Cave. Se trata de dos cámaras principales con pequeños pasajes hacia varias direcciones, además de grandes aperturas en el techo de la cueva que permiten la entrada de luz solar. Rodeada de espesos bosques y a tan solo 2 kilómetros de las paradisíacas costas del océano Índico, este lugar reúne todas las condiciones necesarias para ser habitable por los seres humanos, hecho demostrado por los varios hallazgos arqueológicos descubiertos aquí. El yacimiento de Kuumbi Cave muestra restos de lo que podría ser una forma primitiva de la cultura Hadza, una pequeña etnia de unos 1000 individuos que, al igual que los San, conserva partes ancestrales de su patrimonio cultural.

Uno de los descubrimientos más interesantes de Kuumbi Cave es un juego de cuatro puntas de hueso que muy seguramente fueron usadas por los habitantes de la cueva como proyectiles. Debido a su tamaño se descarta su uso como puntas de lanza, y teniendo en cuenta que no hay registros del uso de cerbatanas en el África Subsahariana, se rechaza la posibilidad de haber sido empleadas como dardos. Todo ello apunta a una clara conclusión: se trata de puntas de flecha[28].

Al analizar las presas encontradas en Kuumbi Cave la teoría de que estos humanos cazasen con veneno cobra fuerza. Se han hallado restos de animales como cebras, búfalos, antílopes de varias especies y potamequeros de río (un animal relacionado con los jabalíes). A excepción de estos últimos, el resto de presas superan los 40 kg de peso con facilidad y son de un tamaño lo suficientemente grande como para que las puntas de flecha encontradas en el yacimiento fueran altamente inefectivas. A no ser, claro está, que las flechas tuvieran alguna ayuda química. En la actualidad este tipo de fauna no se encuentra en la isla de Unguja, pero sigue presente en la zona interior de Tanzania. Al igual que los San, los Hadza continúan cazando a estas mismas presas con arco y flechas. Para las cacerías mayores, envenenan las puntas de sus flechas con una mezcla venenosa obtenida de varias plantas, como pueden ser la kalakasy (*Adenium obesum*) o la shanjo (*Strophanthus eminii*). Ambas especies son parientes próximas del anteriormente mencionado veneno de bosquimano, pues son miembros de la misma familia. Las apocináceas son ampliamente empleadas en la medicina popular de estos pueblos. Por ejemplo, *Strophanthus eminii* es un eficaz remedio para las mordeduras de serpiente y problemas de la piel, pero al mismo tiempo recibe el nombre popular de «liana de flecha» o «vid de flecha» debido al papel crucial que tiene esta planta en la caza de los Hadza. Las mismas moléculas que les otorgan la capacidad de detener corazones permiten que otros sigan latiendo. Veneno contra veneno. Sería algo así como intentar apagar un incendio con un lanzallamas. Solo que en este caso funciona[28].

Para preparar sus venenos, los Hadza de la actualidad hierven estas plantas, y tras ello el espeso contenido resultante se vierte sobre recipientes (como conchas) para dejar que se seque al sol. Una vez seco, el veneno es raspado antes de la cacería y aplicado cuidadosamente sobre las flechas. Un proceso tan efectivo como sencillo, por lo que no es de extrañar que los humanos de Kuumbi Cave fueran capaces de llevarlo a cabo.

Pero, ¿qué sabemos de las puntas de Kuumbi Cave? ¿Conservan algún resto de veneno? A pesar tener 13 000 años y ser más jóvenes que las muestras de Border Cave, las puntas de hueso de Zanzíbar no presentaban ningún resto biológico identificable. Pero eso no significa que este yacimiento estuviera libre de veneno. En el interior de esta cueva se encontraron trazas de carbón procedentes de plantas del género *Zizhypus*. Llamadas mkunazi por los locales, estas plantas son usadas para aturdir a presas pequeñas como peces debido a sus cualidades como sedantes. Por este mismo motivo, también se propone que las puntas de hueso encontradas no sean realmente puntas de flecha, sino arpones de pesca igualmente envenenados[28].

Las flechas, arpones, trampas y demás herramientas envenenadas no solamente se usaron en el continente africano, pero este podría ser el germen de tan ancestral práctica. Siendo África la cuna de nuestra especie, este comportamiento podría haberse fijado en nuestro acervo cultural común, repitiéndose así en todas las expresiones culturales posteriores. De hecho, su invención y reinvención ha tenido lugar en varios lugares del mundo. El eco de tan prodigioso invento resonaría mucho más allá de las paredes de Border Cave. Más lejos incluso de Zanzíbar o de cualquier costa africana. El ritmo de los morteros y sus tóxicos preparados se extenderían allá donde hubiera humanos para buscar, procesar y cazar con armas ancestrales. Pronto, el ponzoñoso vuelo de nuestras flechas recorrería todo el mundo.

CAPÍTULO 4.

Relativo a la flecha

¿Dejarías de respirar voluntariamente? Quizá lo harías si estuvieras aguantando la respiración para alargar unos segundos más la sesión de buceo, o si una tarea requiriera tanta concentración que respirar pareciese una misión secundaria. Lo cierto es que nuestro cuerpo por sí solo no puede dejar de respirar. Seguramente ahora mismo te haya hecho consciente de tu propia respiración y estés pasando por un rato algo desagradable. Pido disculpas de antemano.

La ventilación pulmonar, que es el acto de llenar y vaciar nuestros pulmones para intercambiar gases de forma correcta con nuestra atmósfera, es algo completamente involuntario. Si intentas aguantar la respiración por mucho tiempo, una vez llegado el límite tu propio cuerpo te hará llenar tus pulmones de aire enriquecido en oxígeno para seguir vivo. A pesar de ser un proceso tan vital del que no somos capaces de prescindir, es fácilmente impedido por agentes externos. Un trozo de comida mal masticado es suficiente como para bloquear el flujo de aire y provocar la asfixia. Ya de por sí esta visión parece terrorífica, pero hay un escenario mucho más escalofriante. Es posible perder el control de nuestro propio cuerpo y que, por mucho que mandemos la orden de subir y bajar el diafragma, este permanezca estático. No es una soga al cuello ni unas manos agresivas lo que te impide respirar. Es tu propia anatomía la que te hace imposible soltar tu último aliento.

Este desagradable escenario es una realidad para las presas víctimas del curare, uno de los venenos más aclamados del mundo por su eficacia y horripilante método de acción. Todos ellos tienen algo en común: su letalidad.

Realmente, *curare* es un término paraguas bajo el cual entran mezclas obtenidas de distintas plantas venenosas. Quizá uno de los grupos más conocidos por ser ingredientes principales de varios curares a lo largo y ancho del mundo sean las plantas del género *Strychnos*, pertenecientes a la familia *Loganiaceae*. Los ejemplos son muchos y variados, como *S. usambarensis*, empleada como veneno de caza en Ruanda; *S. ignatii*, usada como veneno para peces por los pescadores de varias regiones de Filipinas; *S. nux-vomica*, especie india con la que se comenzó a comprender realmente la tóxica química de estas plantas o *S. amazonica*, componente de los curares usados por los habitantes del Amazonas. Además de *Strychnos sp.*, también son componentes del curare plantas de la familia *Menispermaceae*, como *Chondrodendron tomentosum* o *Curarea toxicofera*, cuyo nombre procede directamente de este veneno.

Cada grupo de plantas aporta una serie de moléculas que dotan al curare de su potencia química. Las especies del género *Strychnos* producen alcaloides como la C-toxiferina o la C-curarina. Por su parte, las menispermáceas implicadas en la fabricación de este veneno aportan a la mezcla metabolitos como la tubocurarina. Y estos son solo algunos de los compuestos químicos que conforman el curare. Análisis modernos han hallado más de 70 metabolitos en algunas mezclas, revelando la suma complejidad de estas. Son posibles gracias al conocimiento acumulado durante generaciones por aquellos grupos que usan esta potente arma y a la suma diversidad fitoquímica que un ecosistema como la selva ofrece[29].

Los venenos curarizantes compiten con la acetilcolina, una molécula fundamental en el funcionamiento del sistema nervioso. Actúan como neurotoxinas, alterando la comunicación neurona-neurona y neurona-músculo. Concretamente, compiten por las moléculas capaces de recibir la acetilcolina, como un niño que demanda la atención que se le debería estar dando a su hermano recién nacido. Al entrar en contacto con el torrente sanguíneo, actúan como potentes relajantes musculares. Tanto que pueden dejar a nuestros músculos completamente inútiles. Se apagan poco a poco. Primero, los músculos encargados del movimiento ocular. Son seguidos por los músculos del cuello y los de las extremidades. Después, los músculos del tronco, y finalmente, los músculos intercostales y el diafragma. Esto último impide la respiración, asfixiando a la víctima con su propio cuerpo. Cabe destacar que los curarizados permanecen conscientes prácticamente en todo momento, hasta que la falta de oxígeno les hace perder el sentido. El único modo de sobrevivir al curare es recibir una respiración artificial adecuada. Condición que, en la naturaleza, no suele darse. Aunque, muchas veces, uno acaba muerto antes de que se comiencen a dar los primeros síntomas de asfixia[29, 30].

La palabra curare viene de *ourari*, un término empleado por los nativos de la cuenca del Orinoco para designar a sus tóxicas mezclas. Al hablar de curare, muchas veces se hace referencia a los venenos típicos que los indígenas sudamericanos (especialmente aquellos que habitaban territorios amazónicos) usaban para aumentar la eficacia de sus flechas y dardos.

En el contexto de la selva, un veneno como el curare resulta excesivamente útil. A diferencia de las extensas sabanas africanas, donde la fatiga suele ser el principal factor que determina el éxito o fracaso en la caza, el ecosistema de la selva hace que atrapar presas a la carrera no sea tan fácil. La vegetación crea numerosos obstáculos, y en ciertas zonas llega a ser tan densa que andar por ella puede resultar una tarea complicada. Alcanzando la vegetación varios metros de altura, sucediéndose las copas de los árboles unas con otras, una nueva alternativa aparece: si no puedes desplazarte en horizontal, hazlo en vertical.

Para los pueblos indígenas, muchas de sus presas se encuentran subidas a ramas o colgando de lianas, como puede ser el caso de varias especies de aves o monos. La cacería por fatiga no resultaría tan útil, teniendo en cuenta que la posible presa puede rápidamente desaparecer entre el follaje y quedar inaccesible para el cazador.

Gracias a la rápida acción del curare, que puede dejar completamente paralizada a la presa en un par de minutos, la cacería se convierte en una tarea mucho más eficiente. Un dardo o una flecha envenenados con curare hacen que la presa, ya sea un pájaro al vuelo o un mono trepando, caigan durante varios metros a causa de la parálisis, muriendo al impactar con el suelo. Resulta irónico pensar que esas alturas que una vez les ofrecieron cobijo acabaron haciéndoles descender hacia una muerte fulminante[31].

Es curioso ver cómo los venenos vegetales han acabado ocupando un lugar especial en la caza de los grupos humanos en todas partes del globo. Los Ainu, un grupo indígena que habita en varias islas al norte de Japón y parte de Rusia, son reconocidos por sus capacidades en la caza de animales grandes, como el ciervo y el oso pardo. Tales proezas son posibles gracias a potente veneno conocido tradicionalmente como *surku*, cuya fabricación era una cuestión sumamente importante si se pretendía que la cacería fuera exitosa. El secreto de su fabricación pasaba de cazador a cazador, y no era revelado a otros miembros de la comunidad. Ni siquiera a sus esposas o hijos. Estos cazadores eran capaces de provocarle la muerte a sus grandes presas en unas dos horas. Puede parecer mucho tiempo, pero la paciencia es una mejor (y más segura) estrategia a la hora de cazar osos que la más afilada de las armas. Primero, el oso reaccionaba de forma violenta, emitiendo todo tipo de gruñidos y quejas. Se sabía que el veneno estaba entrando en acción cuando, a pesar del dolor, el animal se quedaba callado. En silencio, lo único que saldría de su boca sería una espesa espuma, un intento de su cuerpo para luchar contra la intoxicación, mientras sus extremidades permanecían paralizadas. Si el *surku* era formulado con la suficiente fuerza, la muerte podía darse en una sola hora[32]. Ahora conocemos que este veneno está principalmente compuesto por acónito (*Aconitum sp.*), una planta de flores azules y altas concentraciones de moléculas tóxicas, destacando especialmente la aconitina. Desde el punto de vista químico la aconitina es un pseudoalcaloide. Esto significa que, a pesar de presentar una estructura química propia de los alcaloides verdaderos (como puede verse en la figura de la página derecha), no proceden de un aminoácido, las piezas básicas con las que se construyen las proteínas. Este tipo de metabolitos especializados es conocido como falsos alcaloides por este mismo motivo, a diferencia de los alcaloides verdaderos como la cafeína[33].

A pesar de ello, la aconitina es, al igual que muchos alcaloides, tóxica, incluso a dosis muy bajas. La aconitina presenta elevada afinidad por los canales iónicos presentes en nuestras neuronas, concretamente con aquellos que permiten el flujo de sodio en sus membranas. Mediante la variación de los niveles de iones internos y externos la neurona puede excitarse (y llevar a cabo el impulso nervioso) o relajarse (y prepararse nuevamente para transmitir dicho impulso). Al bloquear los canales de sodio, la aconitina impide que las neuronas se relajen, llevando a su saturación. Bajo los efectos de esta toxina las neuronas se vuelven insensibles al impulso nervioso: no pueden generarlo ni transmitirlo. Como resultado, el envenenamiento por acónito provoca síntomas neurológicos tales como la insensibilización de varias zonas del cuerpo (como la cara o las extremidades) y la incapacidad de controlarlas a voluntad. Por mucho que se transmita a las piernas el mensaje de «correr» o «saltar», no responderán, llevando incluso a la tetraplejia. Un cuadro clínico similar al observado en el curare. Por si no fuera suficiente también son comunes los síntomas cardiacos y gastrointestinales, como vómitos, arritmias, dolor en el pecho e incluso fibrilación[34].

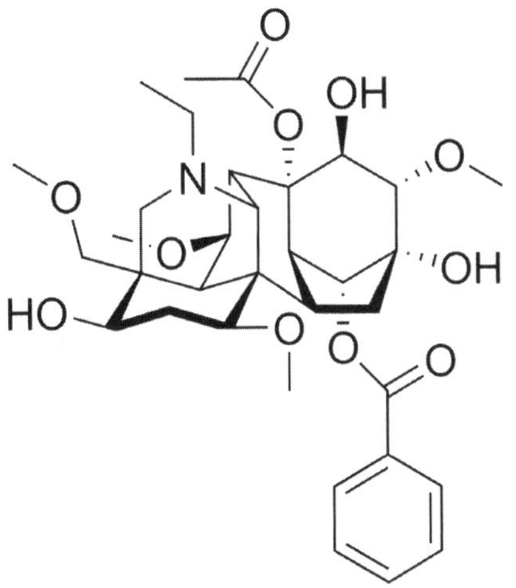

Estructura química
de la aconitina.

Ilustración botánica
de *Aconitum napellus*,
especie tipo del género.

Y los osos no han sido las mayores presas que el acónito ha hecho caer. Los aleutas, habitantes de las islas Aleutianas de Alaska, usaban lanzas impregnadas en acónito en la cacería de ballenas. El contenido tóxico de esta planta es tan potente que solo una de estas lanzas era capaz de paralizar a las ballenas, haciéndoles imposible el nado y llevándolas al ahogamiento. Toda su anatomía, resultado de una larga historia evolutiva que las ha convertido en maestras marineras, puesta en su contra con unos pocos gramos de esta planta[35]. Con esta misma técnica, otros pueblos habitantes de las regiones más norteñas y subárticas del globo daban caza a animales como focas, leones marinos o morsas[35, 36].

Otro animal que está estrechamente relacionado con esta planta es el lobo. El nombre común en inglés para el acónito es «wolfsbane», que significa *perdición del lobo* o *matalobos* (nombre tradicional que también existe en español). En la antigua Grecia uno de los nombres que se le daba a esta planta era *lycoctomum*, algo así como «asesino de lobos». Incluso existe una especie de acónito con este nombre, la *Aconitum lycoctomum*, de las más ubicuas en el continente europeo. Se cree que la raíz (la etimológica, no la anatómica) de acónito procede del término griego antiguo *akontízō*, un verbo empleado para designar la acción de lanzar un dardo, lanza o cualquier proyectil punzante. Tanto las trampas como los cebos destinados a dar caza a los lobos estaban previamente embadurnados en acónito para aumentar su efectividad. Otro hábitat, otras plantas, otros arcos, otras flechas y otras presas, a kilómetros de distancia y en un entorno tan distinto que bien podría ser otro mundo, pero el mismo *modus operandi* que el empleado por los ancestros de los San. Para los griegos, las flechas envenenadas fueron tan importantes a nivel cultural que el propio término «tóxico», esa palabra que empleamos para señalar a organismos o sustancias biológicas que son venenosos, tiene su origen aquí. Los griegos denominaban a las medicinas, pociones, venenos o básicamente a cualquier preparación con propiedades bioactivas bajo el nombre genérico de fármaco (*pharmakon*). Mientras, el término *tóxikos* era usado para definir todo aquello relacionado con el arco o a la actividad del tiro con arco en general. Esto llevó a la aparición del término *tóxikon pharmakon*, que significa literalmente «veneno del arco». Con el tiempo, el término quedaría reducido a *tóxikon*, y adoptaría el significado de «veneno para emponzoñar las flechas» o «veneno relativo a la flecha»[34, 37].

De entre todas las especies de plantas influyentes en la historia del tiro con arco en Europa, hay otro grupo que destaca especialmente. Sus cuerpos eran (y siguen siendo) usados en todas las partes del proceso. Con su recia madera se manufacturan resistentes arcos y vástagos de flechas. Mientras, sus semillas, corteza y savia son la principal materia prima de la que extraer una de las toxinas más potentes encontradas en el reino vegetal. Estoy hablando, por supuesto, de los tejos[38]. Además de debatirse el puesto entre mi planta venenosa favorita junto al ricino, los tejos llevan fascinando a nuestra especie desde tiempos inmemoriales. Estas plantas, pertenecientes al género *Taxus*, no tienen nada que ver las especies anteriormente mencionadas por una particular cuestión: no poseen flores. Los tejos pertenecen al grupo de las gimnospermas (plantas de semilla desnuda, sin flores) mientras que el veneno de bosquimano, el acónito o el mkunazi son angiospermas (plantas de semilla cubierta, con flor). Son mucho más cercanas a los pinos que a las margaritas.

Los tejos son plantas de crecimiento muy lento. Gracias a ello algunas especies pueden llegar a vivir hasta 5 000 años[39]. Este metabolismo hace que los anillos de crecimiento presentes en la madera de estas plantas estén muy juntos, especialmente si la planta ha experimentado periodos de estrés. Los tejos europeos (*Taxus baccata*), especialmente los italianos y españoles, sufren largos periodos de estrés hídrico provocado por las numerosas sequías que azotan la Europa mediterránea, lo que ralentiza su crecimiento aún más y produce maderas de mejor calidad en la manufactura de arcos y flechas. La madera de tejo era tan sumamente buena en materia de arquería que su tala casi los lleva a la extinción en varios puntos de la historia. De hecho, se cree que la palabra usada por los antiguos griegos para los arcos empleados por los guerreros (*toxos*) deriva de *taxus*, que significa *tejo*. Pero la madera no es el único recurso de importancia para los arqueros que puede extraerse de esta planta. Todo el árbol, desde la raíz más profunda hasta la hoja más alta de su copa, es venenoso. Todo excepto el pequeño arilo rosado que rodea sus semillas, la única parte comestible de la planta. Los tejidos del tejo contienen moléculas conocidas como taxanos. Algo muy interesante es que el contenido de metabolitos de estos árboles varía con cambios estacionarios. Pero no solo eso, sino que el metabolismo de las presas también es cambiante, especialmente en aquellas regiones del globo donde las estaciones están más marcadas. Esto se traduce en que la dosis efectiva durante el verano puede ser inútil en invierno, por lo que los recolectores debían saber cuándo y cómo recogerlo, así como qué dosis usar según la época del año.

Todas sus toxinas trabajan de forma conjunta para causar auténticos estragos en el cuerpo de los animales. La taxina B, uno de sus metabolitos, bloquea los canales de calcio presentes en las células del corazón. El calcio es fundamental para la contracción muscular, por lo que en presencia de esta molécula los músculos quedan inutilizados. No sería un gran problema si, de forma temporal, un bíceps o un cuádriceps dejasen de responder a nuestros impulsos por culpa de una flecha envenenada. Pero el asunto se complica cuando el contenido ponzoñoso pasa al torrente sanguíneo, y de ahí al corazón. Especialmente al músculo cardiaco. Es ahí cuando empieza el aturdimiento, los mareos y las convulsiones. Seguidos, cómo no, de una ristra de arritmias, fibrilación ventricular, hipotensión e incluso síndrome de dificultad respiratoria aguda. Este último provoca bajos niveles de oxígeno en sangre, por lo que es especialmente peligroso. Y sumado al resto de síntomas, resulta mortal. Incluso en la actualidad, no hay antídotos conocidos contra esta planta[40].

Grabado de *Taxus baccata*.

1

2

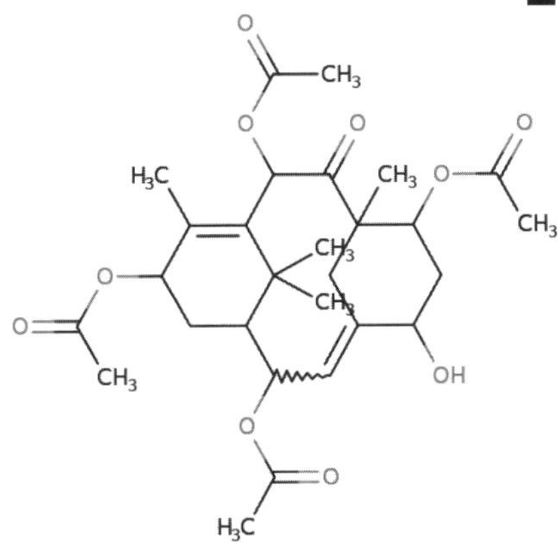

1. Detalle de las hojas, órganos reproductores y semillas de *Taxus baccata*.
2. Estructura molecular de la taxina B

Está claro que el uso de veneno en la caza resulta tremendamente útil. Pero... ¿cómo de segura es la carne obtenida por este método? Lo cierto es que las dosis tóxicas administradas a las presas no superan el orden de miligramos, aunque existen venenos tan potentes como la aconitina, que a bajas dosis pueden causar auténticos destrozos en nuestro cuerpo. Ingerir la misma dosis empleada para envenenar a una flecha sería, en la mayoría de casos, mortal. Pero recordemos que el veneno no se queda concentrado en una única zona del cuerpo del animal, sino que se distribuye a través de su torrente sanguíneo. De esta forma el veneno se diluye, haciendo que sea inocuo. Además, muchas culturas extirpan de la presa una vez fallecida la zona donde directamente ha impactado el proyectil, pues aquí se acumulará la mayor cantidad de las toxinas. Todo esto, sumado al hecho de que el animal no es consumido por una persona sino por varias (impidiendo así que una sola persona consuma altas cantidades de toxinas) o que algunos de estos metabolitos son termolábiles (es decir, que se descomponen al ser cocinadas) hace que la carne de caza con proyectiles venenosos sea completamente apta para consumo[36].

Desde el punto de vista tecnológico, la aparición de los proyectiles propulsados como flechas o lanzas hace unos 60 000 años fue una auténtica revolución en nuestra especie[41]. El uso de estas herramientas redujo las confrontaciones directas entre cazadores y presas, disminuyendo así el riesgo de resultar herido en una cacería. Añadir venenos ya existentes en el ecosistema sobre dichos proyectiles fue una mejora increíble a esta tecnología. Antes de su aparición, los arqueros debían usar flechas con puntas más gruesas, tradicionalmente manufacturadas con piedras. Estas puntas debían causar heridas más anchas que provocasen la muerte de la presa por pérdida de sangre. Puntas más grandes llevan a flechas menos estables en el vuelo que necesitan vástagos más resistentes. De lo contrario, la flecha puede partirse en medio del aire y no cumplir su cometido. Además, tendría que usarse un número mayor de proyectiles para causar el desangrado de la presa y no dar tiempo a que las heridas coagulen y sanen. Esto lleva también a un mayor trabajo previo: mayor consumo de recursos, mayor esfuerzo dedicado a la creación de flechas funcionales, mayor esfuerzo en la talla de puntas útiles... Las flechas envenenadas permiten optimizar la cacería con tiro con arco desde la confección del arco y las flechas hasta la propia cacería. Para comenzar, las puntas de flecha no son de piedra, sino de hueso. Pasan de ser toscas y gruesas a finas y cónicas. Gracias a esto el tamaño de las flechas se reduce, haciendo del disparo una práctica más sencilla para el arquero. Bajo mi punto de vista, la flecha venenosa es un invento tan influyente en nuestra historia evolutiva como la rueda.

El hecho de que una especie sea capaz de crear este tipo de tecnología habla mucho de esta. Denota conocimientos complejos sobre varios asuntos: artesanía, gracias a la cual pueden confeccionarse los objetos como tal; aerodinámica, que permite la creación de proyectiles funcionales; comportamiento animal, fundamental para el desarrollo de estrategias de caza y rastreo; cooperación, para el reparto de tareas y, por último, pero no menos importante, botánica, pudiendo distinguir aquellas plantas no útiles para confeccionar veneno de aquellas que sí lo son. Sin tener en cuenta otros asuntos secundarios, como la preparación y el almacenamiento de los venenos, el conocimiento de los puntos concretos en los que herir al animal para acelerar el efecto del veneno o el procesado posterior de la presa para consumir su carne de la forma más segura[42].

Como apuntan el Dr. Bradfield y sus colaboradoras en un maravilloso artículo publicado en 2015[43], en cierto sentido el uso de veneno en la caza es similar al uso de trampas. Ambos métodos requieren un complejo conocimiento tanto del entorno como de la presa, y precisan capacidad de pensamiento estratégico y visión de futuro. Tanto el veneno como las trampas pueden llegar a matar a la presa fuera de la percepción sensorial del cazador. Pero hay una diferencia radical entre estos métodos: mientras que el uso de trampas es una técnica pasiva, que depende en cierto modo del azar para tener éxito, las flechas envenenadas dejan poco margen de actuación al caos ambiental. Se trata de una acción consciente, con gran preparación previa y con todo lo necesario para dar en el blanco.

A pesar de lo fascinante que resulta la invención de la flecha envenenada, en algún momento de nuestra historia evolutiva llegamos a una macabra conclusión. Si las flechas, dardos y lanzas son capaces de matar a grandes presas de un solo golpe gracias al veneno que portan, ¿por qué no usarlas contra otros humanos?

Fue así cómo, al usar el poder mortal de las plantas contra nosotros mismos, dimos un paso más hacia nuestra autodestrucción.

CAPÍTULO 5.

Flores de guerra

Corría la primavera del 1944, en plena Segunda Guerra Mundial. Por aquel entonces los servicios de comunicación aliados interceptaron un comunicado secreto procedente de los Nazis. Y aún más insólito que este hecho fue el suceso narrado en el mensaje. En las calles de la ciudad de Minsk, capital de Bielorrusia, dos hombres fueron capturados por cometer un asesinato. Concretamente el de Kurt Von Gottberg, quien era nada más ni nada menos que el jefe de la policía de las SS en Minsk. Los asesinos, que resultaron ser agentes soviéticos, consiguieron burlar los protocolos de seguridad para acercarse lo suficiente al policía y herirle. Sin embargo, las heridas que consiguieron provocarle no fueron de gravedad y ninguna de ellas resultó mortal, por lo que no había que preocuparse más de la cuenta. O, al menos, eso pensaron los doctores que extrajeron las balas de Von Gottberg y trataron sus heridas mediante el más rutinario de los protocolos.

Pero algo iba mal. El jefe de policía mostraba unos extraños síntomas que nada tenían que ver con las heridas de bala, ni con la posible hemorragia interna provocada por las mismas. De una forma inexplicable, 6 horas tras el primer impacto Kurt Von Gottberg falleció. Ante tal extraño suceso, las balas que causaron la muerte del policía fueron enviadas al Instituto de Criminología de las SS para un estudio completo. Para sorpresa de los investigadores, estaban delante de balas que no necesitaban perforar arterias o huesos del cráneo para causar una muerte fulminante. Su simple contacto con el torrente sanguíneo humano era suficiente. Lo que no dañase la bala sería destruido por su veneno. Y lo más curioso es que la verdadera asesina no florecía muy lejos de allí[44].

La implementación de venenos vegetales entre los conflictos de nuestra misma especie se trataba de una deducción lógica y orgánica. Tarde o temprano aparecería. Es así como nace una de las formas más brutales de violencia que jamás hemos conocido (e inventado) los humanos: la guerra biológica.

Se define a la guerra biológica como aquella en la que se emplean agentes biológicos (ya sean vivos como patógenos o no vivos pero procedentes de una fuente biológica) como arma. Usada, claro está, con el fin de causar un daño mucho mayor que con armas convencionales. Debido al peligro que supone para la salud tanto de los humanos como de otros animales y de ecosistemas enteros, la guerra biológica está prohibida bajo varios mandatos internacionales. Pero eso no impide a naciones o facciones terroristas hacer uso de esta.

Las raíces de esta temible práctica son seguramente tan profundas como la invención de la flecha envenenada. Al fin y al cabo, la caza y la guerra no son algo tan distinto. Existe evidencia de que las plantas del género *Strophanthus* no solo eran utilizadas por los Hadza para cazar, sino también por otros pueblos cercanos en enfrentamientos internos y disputas entre tribus. Algunas de las pruebas más antiguas de la existencia de guerras biológicas en las primeras grandes civilizaciones de la humanidad vienen de la cuenca de Mesopotamia[45], de tal forma que las civilizaciones mesopotámicas conocían el uso de las flechas envenenadas como arma biológica. Serían la primera civilización en hacer uso de esta herramienta con fines bélicos, pero desde luego no la última.

Se sabe que los antiguos egipcios hacían uso de las propiedades tóxicas de las plantas en sus incursiones bélicas, tanto que algunos faraones destinaron extensiones enteras de terreno al cultivo de plantas venenosas.

En Asia, las flechas envenenadas se llevan usando como arma de guerra desde hace milenios. Una de las plantas más usadas para este propósito es el acónito, debido a su ya conocida eficacia para la caza. Y si hace caer a las bestias, también lo hará con aquellos congéneres que supongan un inconveniente. En el *Atharaveda*, uno de los textos más importantes del hinduismo que data de hace casi 3000 años, se menciona el uso del acónito como arma, además de que existe una amplia tradición tanto escrita como oral en el uso de plantas venenosas en la India con tal fin[37, 46]. Del mismo modo esta planta aparece en varios textos y tratados bélicos de la antigua China, que era vastamente conocida como medicina y como arma. Según un texto académico escrito durante la dinastía Han, el acónito era «un tipo de planta que crece en el este, que es depositada en la punta de las flechas para disparar a personas, y causa la muerte inmediata»[47].

Los arqueros más legendarios de la historia también hicieron uso del veneno para convertir sus flechas en las armas de destrucción masiva del momento. Se sabe que la civilización escita, cuyas guerreras pasarían a la historia como las míticas amazonas, acostumbraban a envenenar sus flechas antes de cada incursión. Pero las plantas no eran su fuente de muerte preferida. En su lugar, embadurnaban sus proyectiles en heces, carne y sangre (tanto humanas como de otros animales) en avanzada descomposición, así como en veneno de varios grupos de serpientes. Por su parte, los soldados del impero mongol, el segundo más grande que ha visto nuestra especie, sí contaban con varias especies de plantas entre su arsenal biológico. Se cree que los mongoles descubrieron la toxicidad de estas plantas al observar el comportamiento de su ganado tras ingerirlas. Varias etnias de Mongolia conocen bien al género *Aconitum*, y tienen especial cuidado para evitar que sus caballos, ovejas y cabras no se acerquen mucho a estas plantas. Además de catapultar cuerpos infectados con enfermedades para mermar la salud del enemigo, los mongoles desataban enjambres de flechas paralizantes con la ayuda del acónito[37, 48].

Siglos más tarde, los arqueros árabes se servirían de la misma planta para enfrentarse a los reinos cristianos que amenazaban con hacer temblar su soberanía sobre la península ibérica durante el medievo europeo. Existen registros del 1568, en plena Rebelión de Granada, que detallan cómo los arqueros árabes envolvían sus flechas en algodones impregnados con acónito para tal fin[49].

A pesar de estar dispersas por distintas zonas del mundo, todas estas civilizaciones hicieron uso del acónito en distintos puntos de la historia de nuestra especie. Esto se debe al fácil reconocimiento y a la amplia distribución del género *Aconitum*, ubicuo en muchas regiones del globo.

Uno de los pueblos que más destacó en el uso de plantas venenosas en sus actividades bélicas fueron los antiguos griegos. Como hemos visto en el capítulo anterior, la historia de las flechas y los venenos está tan sumamente entrelazada en la antigua civilización griega que en numerosas ocasiones resulta imposible separar al uno del otro. Y la guerra no iba a ser una excepción. Una de las estrategias bélicas estrella del ejército griego eran las lluvias de flechas, tremendas operaciones de artillería que incapacitaban al contrario. Realizar cualquier acción que no fuera buscar refugio tenía catastróficos resultados. Con las plantas de su lado, los griegos traían la ponzoña y enfermedad desde el cielo, como si de un castigo olímpico se tratase. Para los griegos, la flecha envenenada era una herramienta de poderoso simbolismo, tan peligrosa que fue capaz de hacer caer a uno de sus héroes más famosos: Aquiles. Protagonista de *La Ilíada* de Homero, Aquiles recibió una flecha envenenada en la única parte mortal de su cuerpo, el talón, que fue disparada por el príncipe troyano Paris. Esa flecha fue lo suficiente para convertir a Aquiles en un cuerpo más de entre todos los dejados atrás por tan cruenta guerra[38].

Además de emplear acónito en sus flechas durante incursiones bélicas, también utilizaron otras especies de plantas tóxicas con el fin de causar estragos entre las filas enemigas. Otras plantas conocidas como *toxikon pharmacon* han llegado a nuestros días gracias a que aparecen en textos griegos clásicos, denotando así la importancia bélica y cultural de la que estas plantas gozaban en este contexto. En *La Odisea*, el héroe, Odiseo, protagonista de esta, busca unas plantas conocidas como eléboros para envenenar sus flechas y prepararse para futuros enfrentamientos. Ahora sabemos que, a pesar de tener el mismo nombre y función en el mundo de la guerra, nada más tienen que ver entre sí estas plantas. Encontramos varias especies de eléboro a lo largo del mundo, aunque en este contexto cultural destacan dos especialmente: el eléboro negro (*Helleborus niger*), también conocido como *hierba ballestera* por su aplicación sobre flechas y saetas de ballesta, es una planta perteneciente al mismo grupo botánico que el acónito, la familia *Ranunculaceae*; por su parte, el eléboro blanco (*Veratrum album*) está mucho más emparentado con los narcisos, las cebollas y los ajos que con su homónimo oscuro. Esto se debe a que el eléboro blanco pertenece al grupo de las monocotiledóneas, esas plantas que nacen con solo una hoja, a diferencia de las dicotiledóneas (como el eléboro negro) que nacen con dos[38].

Ilustración botánica de *Helleborus niger*.

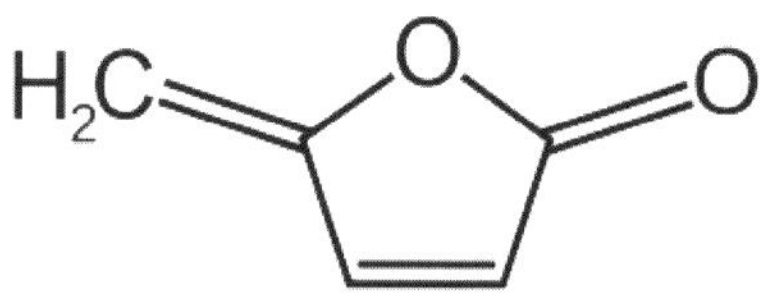

Fórmula química de la protoanemonina.

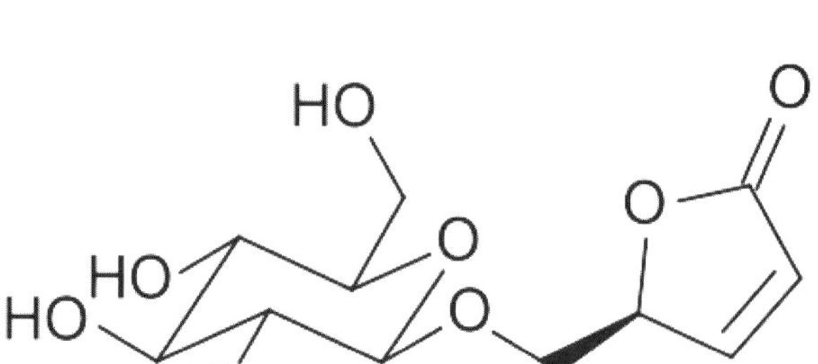

Fórmula química de la ranunculina.

El eléboro negro contiene compuestos activos capaces de provocar alteraciones en el normal funcionamiento del cuerpo humano de formas variadas. Algunos, como la protoanemonina o la ranunculina, extensamente distribuidas en su familia, tienen un sabor desagradable y su ingesta causa irritación de la primera parte del tracto digestivo, gastroenteritis, diarreas o incluso vómitos que pueden contener sangrado. En caso de entrar en contacto con la mucosa ocular, los problemas en la visión no tardan en manifestarse. Otros, como la compleja mezcla de glicósidos hallados en esta planta, son responsables de los efectos más graves. Calambres musculares, convulsiones, asfixia, delirio o ataques cardiacos están entre algunos de los síntomas capaces de provocar los venenos de esta planta[50-52].

Por muy diferente que sea al eléboro negro en un inicio, el envenenamiento por eléboro blanco tiene una sintomatología similar. El mecanismo de acción de esta planta seguramente te recuerde al observado en el acónito. Contiene más de 200 alcaloides tóxicos, de entre los cuales destacan la veratridina, la jervina o la cevadina entre muchos otros. Estas últimas toxinas, al igual que las encontradas en el género *Aconitum*, se fijan a los canales de sodio empleados tanto por las neuronas como las células musculares cardiacas para funcionar con normalidad. Como resultado, el envenenamiento por eléboro blanco deriva en una ralentización del latido del corazón conocida como bradicarcia, así como hipotensión o disnea (incapacidad de expulsar correctamente el aire de los pulmones), que fácilmente llevan a la fatiga. En el especto neurológico encontramos adormecimiento de varias partes del cuerpo, desórdenes en la locomoción y mareos. La dificultad e incluso imposibilidad del habla o la inconsciencia son también algunos de los efectos que esta planta en el cuerpo humano. Como puedes apreciar, las plantas tienen muchas y muy retorcidas formas de jugar con nosotros[38, 53].

Los eléboros también eran empleados por pueblos muy lejanos a la cuenca del mediterráneo debido a la amplia extensión de este grupo de plantas. La toxicidad de estas dos plantas es similar a la propia del eléboro blanco, por lo que es igualmente temible en la batalla. Algunas son autóctonas de Norteamérica, y pueden ser encontradas desde la cálida California a la gélida Alaska, lo que explica que hayan sido usadas por varios grupos de nativos norteamericanos con este fin. Una de las culturas conocidas por emplear el eléboro verde (*V. viride*) como arma es la Haisla, nativos del oeste de Canadá que envenenaban flechas con ungüentos preparados a base de esta planta para portar los «espíritus de la enfermedad» a enemigos y presas por igual[54].

Curiosamente, uno de los remedios más comunes contra varias de las plantas mencionadas se convertiría en un recurso indispensable del ejército romano. *Atropa belladonna*, conocida simplemente como *belladonna*, es una planta que ha influido en la historia humana de formas muy variadas. Aunque también sería presuntamente usada por las brujas de épocas posteriores en sus diversos rituales, los romanos imbuían las puntas de sus flechas y lanzas con el extracto de los frutos de esta planta. De ahí surgió el nombre común de esta planta: *dorycnion*, que significa «veneno de lanza». La molécula más característica de esta planta, un alcaloide llamado atropina, tiene una elevada afinidad por las células musculares de los bronquios, del sistema gastrointestinal y del corazón, por lo que a dosis controladas es capaz de revertir los estragos causados por los eléboros[53]. Sin embargo, la misma planta puede ser usada para convertir un dardo, una flecha, una lanza o un cuchillo en un arma perfectamente letal. En sus frutos, bayas negras y redondas como perlas, reside un cóctel de fitoquímicos especialmente interesante. Profundizaremos en este tema en el próximo capítulo, pues solo con la belladona podría escribirse una saga completa de literatura científica. En pocas palabras, los metabolitos especializados de esta planta actúan sobre una gran variedad de tejidos y órganos, entre ellos el sistema nervioso central. Mareos, taquicardias, fiebre e incluso el coma son algunas de las consecuencias de recibir una flecha embadurnada en esta joya letal de la naturaleza[38, 55].

Como puedes apreciar, todas estas plantas tienen algo en común: sus toxinas actúan sobre el sistema nervioso y/o el corazón, provocan síntomas de aparición rápida y alta letalidad. Acónito, tejo o eléboro, pueden hacerte caer antes siquiera de que recibas atención médica. Son útiles para fulminar a la presa o al adversario en el menor tiempo posible, convirtiéndolas en un recurso muy valorado tanto para cazadores como para militares. La aparición de las armas de fuego y la tecnología militar moderna han desplazado a los venenos de origen vegetal del paradigma bélico general, pero no han desaparecido del todo. Por suerte o por desgracia, siguen estando igual de presentes en nuestra actualidad que en nuestros orígenes. Con la diferencia, claro está, de que la biología molecular y la biotecnología nos han permitido elevar su letalidad a niveles que horrorizarían a nuestros ancestros. Los venenos vegetales han pasado de la punta de las flechas a la tecnología más puntera.

Lejos de arcos y lanzas, los venenos de origen vegetal han seguido vigentes en armas más avanzadas, algunas incluso contemporáneas. Gracias a fuentes bibliográficas con casi un milenio de antigüedad, se tiene constancia de que inventores de la antigua China desarrollaron unas de las primeras bombas de humo conocidas (pues por su bajo contenido en salitre sabemos que eran incapaces de explotar como tal). Estas bombas primigenias estaban llenas de plantas venenosas pulverizadas que al arder producían gases y vapores altamente tóxicos. El objetivo de estas bombas era confundir, cegar y envenenar al adversario. El polvo de acónito, como podía esperarse, era uno de los más empleados para ello. Pero no fue la única planta con esta aplicación. Especies del género *Euphorbia*, como *E. ebracteolata* o *E. fischeriana,* servían como munición para estas bombas (debido a sus ya mencionadas capacidades irritantes). *Croton tiglium* es otra de las especies empleadas por los artificieros chinos en la manufactura de estas bombas. También euforbiácea, la corteza de esta planta era un ya conocido veneno para flechas que sería reutilizado en armas más complejas[56].

Cuando las flechas fueron sustituidas por balas, el veneno continuó siendo un elemento estrechamente vinculado a las armas de largo alcance. Los primeros registros que se tiene de balas cuya carga es tóxica en lugar de explosiva datan de principios del siglo XX. Existe una patente alemana de 1910 que registra el uso de balas con un alto contenido en morfina, destinadas para ser usadas en rifles Mauser del calibre 7,92. La morfina es una droga opiácea de naturaleza alcaloide producida en la naturaleza por las adormideras, también llamadas amapolas reales o *Papaver somniferum*. Como el propio nombre de la planta indica, la morfina que contiene causa somnolencia, respiración lenta y visión borrosa, entre otros síntomas. Usada también como anestésico, la morfina resulta un arma útil al convertir al adversario en un objetivo más lento, torpe y fácil de acertar.

Debido a ello se cree que las balas de opio fueron ideadas para la cacería de grandes animales, como la caza de Safari que tanta atención recibió durante este periodo. Sin embargo, esta tecnología podría ser fácilmente adaptada para su uso en materia bélica[44].

Durante la Primera Guerra Mundial el ejército de los Estados Unidos investigó el uso de toxinas en el desarrollo de armas, especialmente aquellas procedentes de plantas y algas. De entre todas ellas, una de las que recibió más atención fue la ricina por su ya conocida letalidad. El departamento de defensa estadounidense pretendía emplear esta toxina para recubrir balas y metralla, además de para crear polvos venenosos. Por increíbles que pudieran parecer, estas ideas fueron descartadas por dificultades técnicas. El calor producido por el estallido de las bombas o la bala al ser disparada es lo suficientemente alto como para desnaturalizar a la ricina, haciendo que se vuelva inefectiva. Lo mismo que sucede con las proteínas de un huevo cuando caen en aceite hirviendo: su naturaleza química se ve alterada y pierden su actividad biológica original[57].

Por otro lado, el uso de polvos venenosos se dejó a un lado hasta que se descubriera un antídoto, pues su presencia en el campo de batalla podía ser contraproducente al afectar a sus propios soldados. Por suerte para todos, la guerra acabó antes de que esto sucediera, por lo que estas armas no pasaron de la fase experimental. Pero no acaba aquí la historia del ricino en la guerra moderna. En la Segunda Guerra Mundial, Reino Unido, Canadá y Estados Unidos abrieron nuevos programas destinados la investigación de la ricina como posible arma biológica a gran escala. Pasó a ser llamada como «agente W» para mayor discreción, y grandes esfuerzos tanto económicos como científicos fueron destinados a este proyecto. Incluso se llegó a solucionar el problema de la sensibilidad térmica de la ricina y se abrieron fábricas para la producción de balas envueltas en esta peligrosa proteína. Pero, de nuevo, la guerra acabó antes de que consiguieran producirse a niveles útiles. Además, los ejércitos de estas naciones centraron su atención en otras toxinas de producción más sencilla y peligrosidad más elevada, como la toxina botulínica A, una neurotoxina prima del bótox que se extrae de la bacteria *Clostridium botulinum*[57].

Lo cierto es que, hasta lo que conocemos, la ricina nunca ha sido empleada en el campo de batalla. Pero eso no significa que esté exenta de participar en otros conflictos. Por su parte, los soviéticos llevaron una investigación paralela en el uso de la ricina como cubierta para balas. Y a diferencia de sus competidores, consiguieron no solo crear munición con esta planta, sino también usarla. En lugar de servirse de armas de fuego para llevar la enfermedad al adversario, los soviéticos tomaron una estrategia diferente. Las armas de aire comprimido pueden ser igual de efectivas que un arma de fuego convencional y, a diferencia de estas últimas, no necesitan temperaturas muy elevadas para provocar el disparo. Fue así como nació el paraguas búlgaro: una pistola de aire comprimido disfrazada como paraguas cuyo fin era inyectar balines envenenados en objetivos a eliminar. Se sabe que Georgi Markov, un escritor húngaro y disidente político, fue envenenado usando esta arma, lo que provocó su eventual y agónica muerte en septiembre de 1978. Otro disidente húngaro y un agente de la CIA, Vladimir Kostov y Boris Korczac respectivamente, sufrieron intentos de asesinato empleando también esta arma, en este caso fallidos[44].

En materia de balas envenenadas, los investigadores soviéticos no se limitaron al estudio del ricino. Los acónitos recibieron nuevamente especial atención, por lo que nunca abandonaron su puesto como las flores de guerra por excelencia. En este caso, el veneno no estaría recubriendo las balas como idearon los estadounidenses y británicos, sino en su núcleo. Fueron estas las balas de nitrato de aconitina que hicieron caer a Kurt Von Gottberg y que, debido a su efectividad, se convirtió en uno de los focos de interés de los científicos de la Alemania Nazi. Llamadas *Giftgeschoss* (que significa literalmente «balas envenenadas» en alemán), los alemanes estuvieron tan maravillados por este invento que llevaron a cabo su propio programa para recrearlas, hito que consiguieron a finales de verano de 1944. Bajo órdenes del alto mando de las SS Heinrich Himmler, se realizó un experimento para probar la efectividad de las recién estrenadas *Akonitinnitratgeschosse* (balas de nitrato de aconitina). El 11 de septiembre de ese mismo año, en el campo de concentración de Sachsenhausen, 5 prisioneros condenados a muerte fueron disparados con este tipo de munición. Los registros completos del experimento se han perdido, pero un fragmento de los mismos fue recuperado por los aliados. Un extracto de dicho informe revela lo siguiente: «tres de las víctimas que fueron disparadas en el muslo izquierdo, a quemarropa, murieron en la hora y media posteriores. Mostraron signos de envenenamiento agudo a pesar de lo insignificantes que fueron sus heridas, mientras que las otras dos sobrevivieron sin síntomas debido a que las balas pasaron de forma limpia por sus muslos». Gracias a este informe se observa una de las principales desventajas de este tipo de balas envenenadas: si el proyectil no permanece en el cuerpo, no podrá liberar su contenido tóxico, por lo que actuará como una bala normal. Al estar en el interior de la bala, la toxina está más protegida del calor y la fricción con el cañón del arma de fuego, pero no tan disponible como en las balas con cubierta tóxica[44].

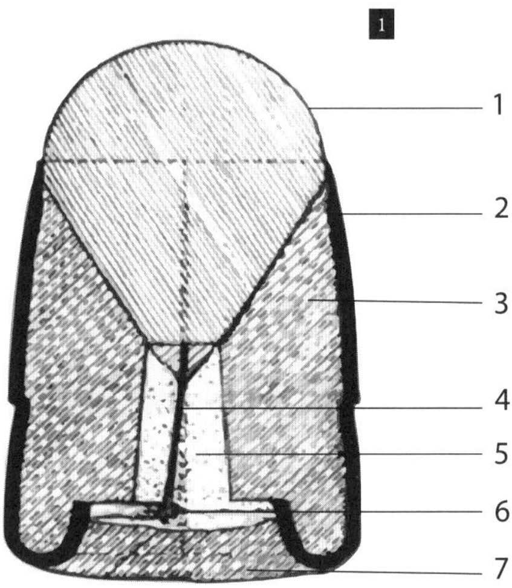

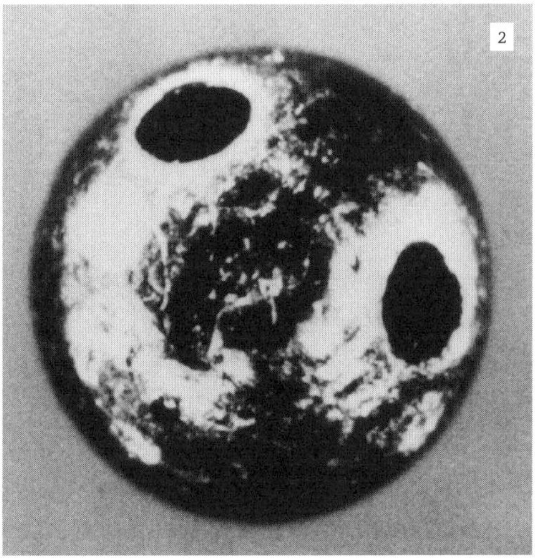

1. Representación de los distintos proyectiles envenenados.
El esquema de la izquierda corresponde a la anatomía de una Giftgeschoss:
1) ojiva de acero
2) cubierta de la bala
3) núcleo de cobre
4) cable de metal soldado a la ojiva
5) cavidad rellena de nitrato de aconitina
6) cable de metal soldado al botón de plomo
7) botón de plomo.

2. El esquema de la derecha representa uno de los balines encontrados en el cuerpo de Georgi Markov, aproximadamente del tamaño de una cabeza de un alfiler.

Está claro que cuando el ser humano decide destinar todos sus esfuerzos en investigaciones tan terribles como las anteriormente mencionadas, es capaz de crear auténticas aberraciones científicas. Pero los más abominables de sus monstruos tardarían en llegar. Unos años más tarde, en 1950, vería la luz uno de esos prodigios de la ingeniería capaces de ponernos a todos los pelos de punta. Más surrealista aún que el paraguas búlgaro, la KGB soviética comisionó al ingeniero Igor Yakovlevich Stechkin para crear un arma tan letal como discreta. Fue así como nació la 4-S110T: una pistola manual disfrazada de cajetín de cigarrillos. Incluso podía abrirse en caso de sospecha, donde se podían ver hasta 19 cigarrillos dispuestos para ser extraídos y fumados con gusto. Salvo, claro está, que solamente se trataba de las colillas, una ilusión para hacer del arma un objeto más disimulado. La pistola contaba con un botón escondido situado en la zona normalmente ocupada por el pulgar cuando el asesino ofreciera un cigarro a su víctima. En ese momento, podrían dispararse hasta los 4 cañones consecutivos del arma. La 4-S110T no usaba balas como tal, sino que un tipo de munición especial era colocada en su interior durante su manufactura. Esto la convertía en un arma de un solo uso, pero teniendo en cuenta su letalidad, no serían necesarios mucho más. Cada uno de los 4 cañones contaba con una bala hueca cargada de cianuro, dicumarina y goma arábiga. Los dos últimos elementos eran obtenidos directamente de varias especies de plantas. Aunque el cianuro también es un metabolito de defensa empleado por varias plantas, en esta ocasión sería de síntesis química. El cianuro de origen vegetal es cianuro de hidrógeno, mientras que el empleado en la 4-S110T era cianuro de potasio. Ambos tienen una sintomatología similar. Los cianuros impiden que nuestras mitocondrias, los orgánulos presentes en nuestras células responsables de la respiración, dejen de funcionar. El oxígeno presente en la sangre se vuelve inaccesible para las células, provocando su rápida muerte. Células como las neuronas, con una gran demanda de oxígeno, son especialmente sensibles a este veneno. La víctima padece mareos y pérdidas de consciencia, por no hablar de la rigidez muscular posterior. Al no poder respirar, las células musculares usan otras fuentes de energía, lo que da como resultado la producción de ácido láctico: lo mismo que provoca el *rigor mortis* característico de los cadáveres. Las células cardiacas también son brutalmente asediadas por el cianuro, llevando a rápidos infartos capaces de fulminar a la víctima en cuestión de minutos[44].

La compañera del cianuro en esta peculiar arma, la dicumarina, no es menos temible. Se trata de un derivado de la cumarina, un metabolito secundario muy abundante en las plantas. Algunas especies vegetales o los hongos que las parasitan convierten esta cumarina en moléculas conocidas como dicumarinas como resultado de su metabolismo. ¿Por qué son peligrosas estas dicumarinas, entonces? Su nueva estructura química las dota de cualidades anticoagulantes, pudiendo causar graves hemorragias a aquellos incautos que entren en contacto con ellas[58]. Gracias a esta letal combinación, los proyectiles de la 4-S110T dejarían las heridas abiertas durante más tiempo, de tal forma que el cianuro podrían entrar al sistema circulatorio con mayor facilidad. O al menos, en la teoría. A pesar de tal calculado planteamiento, los expertos en balística y toxicología dudan de que esta sinergia se diera en la práctica. Aunque eso no quiere decir que este peculiar aparato no fuera tremendamente letal.

A diferencia de otros agentes empleados en la guerra biológica, como aquellos de naturaleza patogénica, las toxinas vegetales no son tan efectivas como arma de destrucción masiva. Por el contrario, resultan excelentes a la hora de realizar operaciones que bien podrían cualificarse como quirúrgicas. Son sumamente útiles a la hora de fulminar individuos concretos de forma rápida y discreta, una inyección letal con nombre y apellidos. Esto de asesinar planta mediante tampoco es una cosa nueva.

Esa misma estrategia fue seguida por la actriz estadounidense Shannon Richardson, conocida por aparecer en series de televisión como *The Walking Dead*. En el año 2013 fue detenida y condenada a 18 años de prisión por la manufactura y posesión de ricina, toxina que empleó para envenenar cartas que posteriormente serían enviadas a varios cargos políticos importantes del Estados Unidos, entre ellos, el presidente del momento, Barack Obama. Cinco años más tarde, una pareja fue detenida en la ciudad alemana de Düsseldorf por la posesión de 84 mg de ricina, con la que planeaban llevar a cabo un ataque bioterrorista de presunta índole religiosa[58]. Este modo de actuación no es para nada propia del siglo XXI, y a lo largo de la historia varios personajes importantes han sucumbido a una copa aderezada con alguna planta venenosa o a poderosos elixires mortales.

Por muy alejados de la naturaleza que podamos creernos, realmente nunca salimos de ella. Nuestra refinada ciencia moderna continúa haciendo uso de sus recursos y estudiándolos de la misma forma reverencial empleada por cazadores y chamanes de antaño. La compleja evolución tecnológica de nuestra especie ha pasado en un pestañeo a ojos de nuestros testigos vegetales, quienes continúan observándonos desde nuestros orígenes. Resulta llamativo el hecho de que los humanos llevemos 24 000 años usando las mismas plantas y con el mismo fin. Ahora nuestro mundo es infinitamente más grande que en ese entonces. La presa ha tomado un aspecto más familiar, los ritos de preparación han sido sustituidos por rigurosos protocolos de laboratorio y los arcos y flechas fueron suplantados por armas de última tecnología. Pero nuestras intenciones, al igual que las toxinas empleadas para cumplirlas, no han variado ni un ápice.

En ese aspecto, nada ha cambiado desde que aquel humano en la Sudáfrica primitiva disparó sus flechas en el amanecer de nuestra civilización.

PARTE III

FRUTOS PROHIBIDOS

«That is why we live like heathens
Stealing from the trees of Eden
Living in the arms of freedom
And everything we touch is evil.»[*]

Heathens, Aurora.

[*] *Por eso vivimos como paganos.//Robando de los árboles del Edén.//Viviendo en los brazos de la libertad.//Y todo lo que tocamos es malvado.*

CAPÍTULO 6.

Magia verde

El cambio es una de las únicas constantes en nuestro humano modo de vida. Los ecosistemas en los que vivimos no son los mismos que aquellos que nos vieron llegar. Tan solo durante un año, las estaciones se encargan de moldear toda forma de vida hasta puntos que pueden ser irreconocibles. La vida se transforma en muerte. Y la muerte en vida. Los primeros en no permanecer estáticos somos nosotros. Nos hemos domesticado a nosotros mismos. Nuestros cuerpos y mentes han cambiado desde nuestra aparición. Nuestras culturas actuales son tan distintas a las de nuestros ancestros que ni siquiera parecen emparentadas.

Hace 3000 años, alguien se propuso emprender una guerra contra el tiempo. Hacer que las cosas permanecieran tal y como había conocido. Y, para ello, usó su herramienta más poderosa. Recurrió a la magia.

Haciendo uso de una fuerza tan poderosa como ancestral, se aventuró en el mundo de los muertos con un único objetivo: plantar las semillas de un futuro que pudiera reconocer.

Aunque pueda parecer la premisa de una saga de fantasía, esta es una de las interpretaciones más aceptadas que se da al yacimiento de Es Càrritx, en la balear isla de Menorca. Aquí se encuentra una gran cueva que durante generaciones sirvió como cementerio de los menorquinos de la Edad de Bronce. Este pueblo guardaba mechones del cabello de los difuntos en ornamentados y primitivos guardapelos, que después disponían cerca del fallecido. Algunos de estos mechones de cabello han llegado a nuestros días, portando con ellos una increíble cantidad de información. Gracias a que el pelo almacena una gran variedad de moléculas que en algún momento entraron en contacto con el organismo del que procede, podemos conocer qué, cómo, con qué frecuencia y en qué cantidad una persona se encontraba con dicha sustancia. Es normal encontrar trazas de ciertas moléculas vegetales, ya que eran empleadas por los pueblos nativos como medicinas naturales, además de formar parte de la dieta. Sin embargo, las muestras de cabello encontradas en la cámara 5 de Es Càrritx cuentan otra historia. La persona dueña de aquel mechón consumía con suma frecuencia plantas consideradas como mágicas. Plantas que no perderían ese estatus ni siquiera con el paso de los milenios.

Los análisis revelaron que este individuo había ingerido de forma recurrente efedrina, escopolamina y atropina, todas ellas moléculas alcaloides con un poderoso efecto psicoactivo. De aquí, los arqueólogos dedujeron que se trataba de una figura de índole religiosa y/o chamánica, una persona encargada de transmitir conocimientos ancestrales y de realizar rituales mágicos por medio de las plantas. Por esa misma época, los habitantes de Menorca estaban experimentando profundos cambios culturales, sociales y demográficos. La creciente población se mudaba a nuevos entornos más favorables, dejando atrás con ellos los lugares de enterramiento que habían supuesto un sitio de descanso eterno para generaciones enteras.

Que los restos pertenecientes a un chamán, cargados de poderosa magia vegetal, fueran escondidos en una zona de la cueva que incluso en nuestros días es de difícil acceso, no resulta algo baladí. Fueron depositados ahí con un propósito claro: preservar las tradiciones y, como las plantas que una vez les dieron poder, echar raíces en ese lugar por todas las generaciones venideras[59].

Muchas plantas buscan defenderse atacando a la joya de la corona de la vida animal: el sistema nervioso. Esa curiosa estructura biológica que, para muchos, es suficiente para posicionar a los animales muy, muy por encima de las plantas. Y que es inhabilitada por un llamativo número de moléculas de origen vegetal. Pero, a veces, antes de llegar a la intoxicación, estos metabolitos son capaces de causar increíbles efectos en el cuerpo animal. Pueden alterar nuestra fisionomía, jugar con nuestro estado de consciencia y cambiar la forma en la que vemos el mundo. Esto último, en el más literal de los sentidos.

Algo llamativo de los guardapelos de Es Càrritx están decorados con patrones circulares concéntricos. Estos dibujos pueden recordar a los que se usaban hace unas décadas para inducir la hipnosis, y que, según los investigadores, son una representación del ojo humano bajo los efectos de estas drogas vegetales. Dichos patrones han sido encontrados por todo el mundo asociados a sustancias psicoactivas y ritos que llevan a estados alterados de consciencia. Teniendo en cuenta que el consumo de estas toxinas contrae o dilata nuestras pupilas de una forma bastante notoria, no es de extrañar[59].

Para animales pequeños como los insectos, normalmente unos cuantos bocados a estas plantas son lo suficiente como para hacerles pasar a mejor vida. Incluso si la dosis consumida no es letal, bajo el efecto de estas drogas, el animal se ve severamente afectado. Sus sentidos quedan distorsionados, el estado de alerta permanece alterado y sus funciones corporales no operan como deberían. Si estos recursos de las plantas no son suficientes como para acabar con su agresor, es muy posible que lo haga un predador aprovechando este estado de debilidad. O que, sumido en este éxtasis, sea el propio animal el que acabe con su propia vida con un descuido.

Los primates, elefantes, delfines y otros animales sociales somos de los pocos privilegiados que podemos jugar con estas sustancias sin quedar expuestos a los peligros del entorno. El grupo nos protege de las posibles amenazas que nos puedan pillar desprevenidos bajo estos estados de intoxicación controlada. De hecho, en nuestra especie se ha considerado que someterse a la magia química de las plantas puede ser crucial para nuestra supervivencia[60].

Una de las moléculas halladas en el mechón de Es Càrritx es muestra de ello. La efedrina es producida por las plantas del género *Ephedra*, gimnospermas pertenecientes al enigmático grupo botánico de las gnetales. Existen unas 50 especies de *Ephedra sp.*, habitantes de las regiones áridas de todos los continentes a excepción de Oceanía y la Antártida. La efedrina es la molécula natural de la que se sintetizó por primera vez la anfetamina, siendo la madre de esta archiconocida familia de drogas. Este alcaloide afecta directamente al sistema nervioso central, comportándose como una amina simpaticomimética, lo que significa que mimetiza a la perfección los efectos de la adrenalina. El consumo de efedrina en dosis no letales provoca agitación e insomnio, además de midriosis (dilatación de las pupilas) [61]. Varias culturas interpretaron este estado de excitación como una intervención divina, un soplo de aliento vital procedente de fuerzas superiores.

En los Vedas del hinduismo se cita una poción mágica llamada *soma*, conocida por el zoroastrismo como *haoma*. Ambas culturas formaban parte de una misma, pero hace 4000 años partieron rumbos distintos. Aun así, mantuvieron muchos rasgos culturales en común. Y la magia fue uno de ellos. Esta poción era considerada como fuente de inmortalidad. Se creía que varios dioses de sus respectivos panteones alcanzaron su estatus divino tras el consumo de *soma*. Esta bebida era consumida por religiosos y practicantes antes de realizar ciertos rituales, como sacrificios, y era parte de ritos nigrománticos que intentaban devolverles la vida a los difuntos. Tras décadas de intenso debate, se concluyó que la efedra china (*Ephedra sinica*) era uno de los principales ingredientes del *soma*, bastante razonable si tenemos en cuenta la destacada farmacología de estas plantas[62].

Algo curioso es que, en un origen, el *soma* era usado contra la fatiga y otras «faltas de espíritu». Comprobado su efecto, pasó a ser considerada una panacea, después un elixir de la eterna juventud y, por último, el néctar divino que dejó huella en las religiones de distintos pueblos. El estatus mágico de la efedra ha llegado a nuestros días, y es una tradición en Irán dar a los recién nacidos unas gotas de decocción de efedra, para dotarles de fuerza y salud por todos los días que les están por venir[62, 63].

Otras plantas que suelen ser un ingrediente común en pociones y elixires mágicos son aquellas pertenecientes al grupo de las solanáceas. Sí, la misma familia de la que forman parte plantas tan comunes como la patata, el tomate o el pimiento. Los otros dos metabolitos encontrados en el mechón de Es Càrritx, la escopolamina y la atropina, proceden de esta familia botánica. Lo peculiar de estos compuestos es que son anticolinérgicos, es decir, capaces de bloquear total o parcialmente el efecto del neurotransmisor acetilcolina. Sí, este capítulo va a estar bien cargado de neuroquímica, así que prepárate bien.

Los neurotransmisores son moléculas que permiten el paso de información de una neurona a donde sea que deba llegar esa información.

Los receptores pueden ser otras neuronas, células musculares (lo que sucede cuando queremos mover voluntariamente algún músculo) o incluso glándulas secretoras de hormonas. Los neurotransmisores son fundamentales para que la sinapsis (la conexión entre estos elementos) funcione de forma correcta. Estos neurotransmisores son producidos por una neurona y recibidos por el siguiente elemento en la cadena comunicativa a través de unas proteínas encargadas de captarlas, llamadas receptores. Así que puedes ir haciéndote a la idea del juego que pueden dar esas moléculas que deciden jugar al teléfono roto con nuestra química cerebral.

La acetilcolina es una molécula muy importante en el sistema nervioso tanto central (encéfalo y médula espinal) como periférico (compuesto por los nervios y neuronas más alejadas). Es producido por las neuronas motoras para coordinar el movimiento muscular, por lo que su consumo provoca debilidad muscular y convulsiones. Al ser un importante elemento en la comunicación neuronal, su bloqueo lleva a alteraciones en la conexión entre las células nerviosas[64]. Así es como se causan los síntomas asociados a la práctica de la magia. Hay varias especies productoras de estas sustancias a lo largo y ancho del mundo. En su pequeño mundo insular, los habitantes de la Menorca de la Edad del Bronce ya disponían de unas cuantas.

Datura stramonium, más conocida como estramonio o burundanga, es una de ellas. Este arbusto de olor fuerte y frutos pinchosos crece naturalmente en varias regiones de Europa y América, y de forma artificial por todo el mundo debido a su interés como planta decorativa. Sus largas flores acampanadas, que pueden ser completamente blancas o con detalles en morado, resultan un espectáculo para la vista y el olfato. De ahí que se hayan ganado el nombre popular de «trompetas de ángel». Aunque este espectáculo floral no es lo único que esta planta tiene de divino[59].

El estramonio, al igual que el resto de plantas del género *Datura*, son consideradas plantas enteogénicas. Es decir, plantas capaces de acercar al mortal a lo divino. Esta palabra procede del término griego *entheos* (ἔνθεος), cuyo significado literal es «inspirado por un dios». Hay varias formas de alcanzar este estado de inspiración divina con esta planta, siendo los más usados las infusiones hechas a partir de semillas, hojas y flores (conocido popularmente como «té de campana») o los cigarrillos de semillas pulverizadas. Como resultado, la persona intoxicada experimenta alucinaciones y episodios de narcosis, que tradicionalmente han sido interpretados como trances reveladores de la verdad y otras formas de acceso a un grado superior de conocimiento. Según la Real Academia Española de la Lengua, la palabra *trance* puede tener varias acepciones: momento crítico en la vida de una persona, los instantes previos a la muerte, el estado en el que un médium o figura similar manifiesta fenómenos paranormales e incluso el estado en el que el alma se une con Dios. Por sorprendente que parezca, las plantas que conocerás en este capítulo son capaces de someternos a todas estas experiencias[65].

Desde hace siglos y muy seguramente milenios se conoce que el consumo de estas plantas puede tener consecuencias nefastas. El pueblo Mapuche, nativo de Chile, realiza ceremonias donde se consumen semillas pulverizadas de miyaya (nombre tradicional para el estramonio) con el objetivo de alcanzar ese estado de trance revelador. Pero estos ritos son meticulosamente preparados y dirigidos por un Machi, los chamanes Mapuche. No solo se encargan de interpretar las alucinaciones o de transformar los balbuceos de aquellos que se encuentran bajo los efectos de la miyaya en predicciones e interpretaciones de la realidad, sino que también salvaguardan la seguridad del ritual. Guían a aquellos sumidos en el trance para asegurarles un buen viaje a través del mundo espiritual, calculan las dosis que cada participante debe tomar y dan pautas de qué hacer antes, durante y después del ritual. Este patrón es estable en varias culturas con prácticas chamánicas. Al igual que otros muchos chamanes, los Machi se entrenan durante toda su vida en el consumo de estas sustancias, adaptando su organismo y su psique al vaivén químico provocado por estas[65, 66].

El devenir de los acontecimientos ha sido algo que nos ha llevado a los humanos de cabeza desde nuestra aparición, lo que nos ha empujado a buscar desesperadamente métodos para conocer lo que está por llegar. Nuestra magia moderna (es decir, la ciencia) nos ha otorgado herramientas suficientes como para predecir los patrones del clima, la evolución de las enfermedades o el comportamiento de los animales. Pero no siempre fue así. Esta agonía que supone la incertidumbre llevó a la construcción de lugares expresamente dedicados a las artes adivinatorias. Y, como cabe esperar, las plantas mágicas jugaban un importante papel en ellos.

Quizá uno de los más famosos sea el Oráculo de Delfos, ubicado en lo que los antiguos griegos consideraban el centro del mundo. Este lugar, cuya historia es un complejo entramado de supersticiones, mitos y realidades, continúa envuelto en intrigas. Incluso con nuestros recursos contemporáneos, es difícil saber qué métodos llevaban a cabo las grandes Pitias para dar sus tan preciadas predicciones. Estas mujeres eran consideradas poderosas sacerdotisas, capaces de canalizar los dones adivinatorios del dios Apolo a través de ellas. Una posición no hecha para todos los mortales. Las Pitias dejaron poco registro escrito de sus prácticas, y transmitían sus métodos de adivinación de forma oral a sus sucesoras. Gran parte de la actividad de Delfos pasaba entre bambalinas, por lo que pocos eran los ojos capaces de ver qué tramaban realmente las sacerdotisas[67].

A pesar del sumo secretismo de las Pitias, algunos contemporáneos a estas figuras consiguieron registrar parte de la metodología de las sacerdotisas para alcanzar el éxtasis adivinatorio. Diversos autores aseguran que las Pitias masticaban hojas de laurel e inhalaban el humo resultante de la quema de estas, llevándolas a un estado de *enthousiasmos* (posesión o inspiración divina). El laurel era un elemento importante en el culto a Apolo, pues según el mito esta fue la planta en la que acabó convertida la ninfa Dafne para huir del dios, quien la acosaba sin cesar para que fuera su amante. Pero si miramos más de cerca, nos percataremos de un curioso detalle: el laurel (*Laurus nobilis*) no es la planta más indicada si se desea entrar en contacto con lo divino. Principalmente porque no contiene los compuestos activos necesarios para provocar la sintomatología registrada en las Pitias. Al canalizar a Apolo, las sacerdotisas experimentaban agitación, espasmos musculares, incapacidad de coordinar movimientos voluntarios, alteraciones en el tono de voz, salivación excesiva o coma. Salivar de manera abundante es un síntoma claro de envenenamiento. Al igual que los vómitos, ambos son intentos del organismo para diluir y expulsar las toxinas antes de que puedan causar mayores daños.

Entre las conjeturas y las evidencias científicas, varias plantas son señaladas como sospechosas de causar los eventos adivinatorios en Delfos. Algunos sugieren que la planta de las pitonisas era la adelfa (*Nerium oleander*), planta venenosa cuyo cuerpo puede recordar bastante al laurel y que provoca síntomas muy parecidos al entusiasmo délfico. No obstante, la adelfa carece de moléculas alucinógenas, además de que se trataba de una planta bien conocida por los griegos y otras civilizaciones mediterráneas, de tal forma que sabrían distinguirla del laurel común y corriente. Otros expertos apuntan a que podría tratarse simplemente de una sugestión, una profecía autocumplida de las propias adivinas[67, 68].

Una de las teorías más interesantes apunta al uso de solanáceas en estos ritos, concretamente las plantas del género *Hyoscyamus*. Son conocidas popularmente como beleños, y en Europa han sido tradicionalmente categorizadas como una de esas hierbas de las brujas. La especie más destacada por sus usos mágicos es *Hyoscyamus niger*, el beleño negro o hierba loca. Se trata de una hierba que rara vez alcanza el metro de altura. Todo su cuerpo está repleto de una gruesa capa de tomento, filamentos parecidos al cabello que sirven como defensa física de la planta. Al igual que el estramonio, sus flores tienen forma de campana, pero son mucho más cortas. El centro de su corola es de color negro, sus frutos son pequeñas cápsulas, donde se contienen sus milimétricas semillas. Pero que la apariencia apeluchada de esta planta no te engañe.

Entre los metabolitos tóxicos del beleño negro destacan la previamente mencionada escopolamina y la hiosciamina (molécula que debe su nombre a esta planta), además de la atropina. El caso de la hiosciamina es cuanto menos curioso. Al ser producido tanto de forma natural como sintética, aparecen dos variedades de la misma molécula, conocidas como enantiómeros. Se trata de la l-hiosciamina y la d-hiosciamina, que a pesar de ser prácticamente iguales presentan efectos fisiológicos muy distintos. Cuando ambas versiones de la molécula se encuentran en una concentración igual, aparece la mezcla conocida como atropina.

Con este repertorio de neurotoxinas, el beleño es capaz de inducir delirios y alteraciones en el estado de la consciencia en todos aquellos que osen consumirla. Más aún teniendo en cuenta que la escopolamina (molécula que representa casi el 50 % del contenido alcaloide total) es ocho veces más efectiva sobre el sistema nervioso que sus compañeras[69].

Por su fitoquímica, el beleño perfectamente podría haber sido el causante de las alucinaciones délficas. Aunque los griegos no serían los únicos en usar esta planta con el fin de acercase a lo divino.

En la cultura celta, el beleño era parte importante de ritos y otras prácticas religiosas. Tan vinculada estaba esta planta con la divinidad que su nombre común procede del dios Belenus. Mucho más antiguo que el Olimpo, el panteón celta y varias de las costumbres propias de esta amalgama de culturas sirvieron de inspiración para los antiguos griegos, llevando incluso a la asimilación de rasgos culturales como propios. El mismo dios Belenus era deidad del Sol, la luz, las energías renovadas y, cómo no, el beleño. Atributos que más tarde serían adjudicados a Apolo por los helénicos [64, 69].

1

2

3

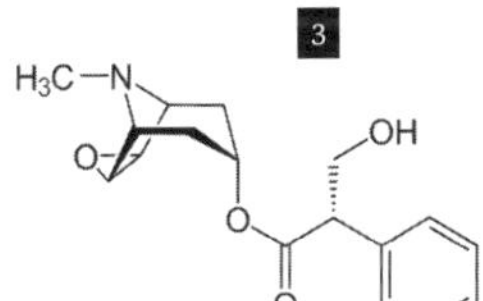

4

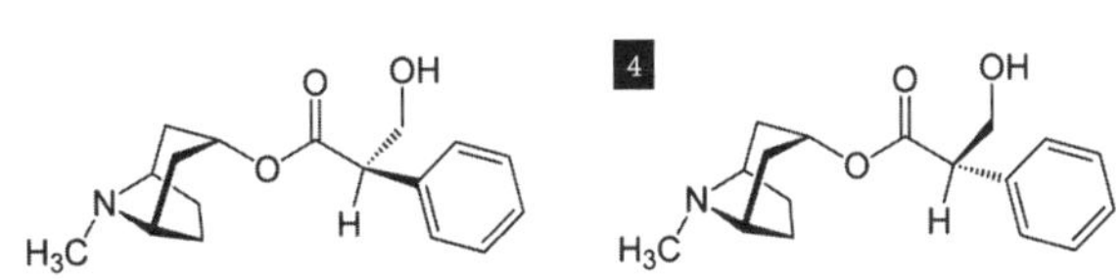

1. Ilustración botánica de *Hyoscyamus niger.*

2. Ilustración botánica de *Atropa belladonna.*

3. Fórmula química de la escopolamina.

4. Fórmula química la atropina, presentada como la d- y la l-hiosciamina.

Otra planta cuyo nombre procede de la mitología griega y que es sinónimo de magia es la belladona. *Atropa belladonna* es una solanácea pariente cercana del beleño y con una fitoquímica similar. Recibe su nombre de la Moira Átropos, una deidad menor del panteón helénico que tenía la función de cortar el hilo que representaba la vida de los mortales. Varias culturas antiguas, como la Grecia Clásica, asociaron rápidamente la belladona a la muerte. Y es que no hay más que ver sus efectos. Al igual que el resto de solanáceas mencionadas, su consumo tiene repercusión directa sobre el sistema nervioso central, provocando tanto estados alterados de consciencia como desórdenes fisiológicos que, sin las precauciones necesarias, pueden llevar a la muerte. La belladona era usada en el antiguo Egipto como narcótico, y en dosis elevadas, como una poción para sumir a cualquiera que la tomase en un sueño eterno. Como ya vimos en el capítulo anterior, los romanos la convirtieron en un veneno de relevancia bélica. Pero la belladona, por letal que sea su naturaleza, no siempre se ha usado para causar muerte[64].

Quizá el uso más conocido de esta planta sea dentro del ámbito de la brujería. O, al menos, lo que en la actualidad comprendemos como tal. Bajo la perspectiva del cristianismo imperante en la gran parte de la historia de Europa, la brujería es el conjunto de prácticas, ritos y creencias relacionadas con la adoración a fuerzas oscuras, como demonios. De esta relación entre el brujo (el practicante) y su demonio patrón (principalmente Satanás) surgirían dones mágicos y eventos fuera del orden natural. Las brujas fueron perseguidas en Europa y Norteamérica entre los siglos XV y XVIII por suponer un peligro para la cristiandad y la sociedad en general. Sin embargo, el mayor pecado que habían cometido estas mujeres (pues en su mayoría los acusados de brujería eran mujeres) era tener conocimientos sobre medicina, astronomía y botánica. En nuestra época hubieran sido unas científicas excelentes, pero eso de cuestionar el orden establecido por la fe no era una cosa bien vista que digamos. Así que la mejor opción era condenarlas al ostracismo o ejecutarlas[64, 69].

Muchas de estas brujas conocían los dones de la belladona, que en su contexto bien habrían sido considerados como mágicos. Servían para calmar el dolor de los enfermos, bajar la inflamación, controlar la fiebre, paliar las molestias menstruales e incluso controlar brotes de epilepsia y convulsiones. Estos dos últimos eventos solían verse como posesiones demoniacas, y la acción de la atropina y el resto de alcaloides anticolinérgicos de la belladona sobre el sistema nervioso eran los más indicados para ponerlos a raya.

Es posible que hayas escuchado eso de que las brujas vuelan en escoba a causa de estas plantas. Que, tras frotar extractos de belladona o beleño sobre una escoba, estas mujeres lo frotaban contra su vagina. Como resultado, los metabolitos de las solanáceas entraban rápidamente en la circulación sanguínea, llevándolas a episodios de alucinaciones que les hacían creer que estaban volando. Estos extractos eran conocidos como *ungüentos voladores*, y normalmente estaban compuestos principalmente por grasa animal. Algunos relatos decían que esta grasa era humana o, peor, de bebés y niños, haciendo que la fama de las ya estigmatizadas brujas fuera aún peor. Pero ¿qué tiene esto de verdadero? [64, 69].

Por lo que sabemos, la mayoría de presuntas brujas que confesaron el uso de estos ungüentos lo hizo bajo la coacción de la tortura. Figuras como los inquisidores y, en general, la Iglesia, creían que el mismo diablo les había proporcionado ungüentos mágicos para desarrollar sus maléficos dones. También creían aquellos que consumían tan profanas pócimas abandonaban todo rasgo humano para adoptar formas salvajes, pezuñas, colmillos, cuernos, alas y otras anatomías imposibles. Las brujas eran capaces entonces de transformarse en animales, o de darle a su alma la forma de alguna bestia para que pululase por el mundo. De nuevo, los registros sobre tan prodigiosos eventos son escasos y obtenidos bajo métodos cuestionables, por lo que no resultan muy fiables. No obstante, nuestros conocimientos actuales sobre el funcionamiento de estas plantas nos cuentan otra historia[64].

Cierto es que, en caso de consumir belladona por vía oral, las posibilidades de manifestar efectos secundarios indeseados son bastante elevadas. Estos van desde mareos, vómitos y pérdida de la coordinación motora hasta parada cardiorrespiratoria, coma y muerte. Si, por el contrario, los alcaloides de esta planta entrasen en nuestro torrente sanguíneo por medio de las mucosas, los efectos psicotrópicos se manifestarían con una mayor intensidad y aquellos no deseados se mantendrían a raya. Siempre y cuando las dosis sean las adecuadas, claro está. La mucosa vaginal cuenta con una elevada irrigación, siendo el punto de entrada ideal para este tipo de sustancias. Como alternativa, podría usarse el ano o el pene.

Otro punto a favor de la teoría de los ungüentos mágicos reside en la propia química de las moléculas implicadas en la toxicidad de las solanáceas. La solubilidad de estos metabolitos en agua es pésima, pero excelente en aceites y grasas. Que se emplee grasa de niño o humana siquiera para estas mezclas es una posibilidad que no podemos descartar, pero resulta bastante improbable. La manteca de cerdo o los aceites vegetales eran una alternativa mucho más accesible, y teniendo en cuenta que la mayoría de las brujas pertenecían a ámbitos rurales, estos elementos estarían mucho más a su alcance.

Por último, está el hecho de las alucinaciones. La belladona, el beleño y la datura son capaces de provocar alucinaciones visuales y sonoras, así como sueños vívidos y otros estados alterados de consciencia y percepción sensorial. Si a esto le sumamos la sugestión, es más que probable que las brujas fueran con las ideas preconcebidas por puro estigma social. Si vino antes la alucinación o el rumor que la condicionó es algo difícil de demostrar. En caso de usar estos ungüentos, estas mujeres seguramente acabasen transformadas en alguna bestia o incluso vieran al mismísimo diablo, porque su mente ya iba predispuesta a que tal cosa pasase[64, 66, 69].

Otra especie pariente del estramonio y el beleño que también ha servido como vehículo hacia otras formas de conocimiento es una planta bastante conocida en la cultura popular. Sus lustrosas flores azuladas y sus peculiares raíces en forma de cuerpo humano las convirtieron en un preciado recurso para herboristas, alquimistas y sacerdotes de distintos cultos. No hablo de otras plantas que de las mandrágoras. A pesar de ser un codiciado bien para varias civilizaciones europeas, asiáticas y africanas en tiempos antiguos, no formaban parte de su flora indígena. Estas plantas eran importadas de Siria y Palestina, ascendiendo así su valor y quedando sus mágicos dones restringidos a unos pocos con el bolsillo lo suficientemente profundo.

Para los egipcios, la mandrágora (*Mandragora sp.*) fue una planta de notoria relevancia, especialmente para las castas más elevadas de la sociedad. Se tienen registros de que en el periodo correspondiente a la XVIII dinastía faraónica, hace 1400 años, la familia real contaba con plantaciones propias de mandrágora[70, 71]. Esa planta acompañaba a los egipcios en la vida, en la muerte y en lo que fuera que hubiera entre ellas y más allá. Con su magia, las barreras entre los mundos se desvanecían, y cruzarlos se convertía en una tarea accesible para los mortales.

La familia de las solanáceas destaca, aparte de por su notoria capacidad para producir una gran variedad de toxinas, por los distintos usos que nuestra especie les ha encontrado. Llaman especialmente la atención aquellos relativos a prácticas mágicas o religiosas, que combinan la química de las plantas y un gran número de factores sociales. Como resultado, han llegado a nuestros días en forma de historias de brujería y hechicería de tiempos lejanos, remanentes de una magia que se marchó de nuestro mundo hace muchos siglos. Pero su magia sigue viva. Y las plantas que la producen, también.

CAPÍTULO 7.

Flores de ultratumba

Autóctona de la cuenca del Nilo, hay una planta que fue antaño de alta importancia en la cultura y religión de los antiguos egipcios. Su ciclo vital se consideraba una representación de la vida y muerte de Osiris, dios del inframundo, y una importante figura en el panteón egipcio. Crece en aguas turbias y estancadas, de donde emerge con sus flores de suma belleza y embriagador aroma. Era símbolo de renovación, salud y fertilidad. Por este motivo, no es de extrañar que representaciones de esta planta decorasen tumbas, vasijas funerarias y sarcófagos, todos ellos objetos con el destino de preservar y/o guiar las almas de los difuntos hacia el mundo de los muertos. El loto azul (*Nymphaea caerulea*) es una planta que aparece representada en un gran número de murales, papiros y tumbas del antiguo egipcio, evidencia de la importancia que tenía esta planta en este contexto cultural. Especialmente en eso de pasar a la otra vida.

Pero ¿realmente tienen estas plantas algo que ver con la muerte? Lo cierto es que sí. Y la respuesta está en sus toxinas[71].

Los lotos se usaban acompañados habitualmente de mandrágoras, que servían para completar la experiencia ritual. Como ya sabemos por su linaje, las mandrágoras producen escopolamina y otros alcaloides de efecto psicoactivo. Por su parte, las plantas de loto destacan por su contenido propio en alcaloides, en este caso derivados de la aporfina. Cada una de estas moléculas juega un papel especial en las mágicas propiedades del loto azul.

Uno de estos alcaloides es la apomorfina. Este metabolito potencia la acción de aquellas proteínas que se encargan de recibir la dopamina (molécula que, entre otras cosas, regula el sueño), acentuando el efecto de este neurotransmisor. La dopamina es una molécula altamente conservada a lo largo de la evolución animal, lo que significa que una vez apareció en nuestro linaje, quedó para siempre fijado en este. Por esto mismo, aquellas toxinas que alteren de cualquier manera el funcionamiento de este neurotransmisor tendrán un amplio abanico de objetivos. Para los habitantes de la cuenca del Nilo no era extraño encontrar insectos muertos en el interior de los lotos azules al cosecharlos, muchos de ellos polinizadores que acababan contrayendo sobredosis al consumir los narcóticos fluidos de esta planta. Además de apomorfina, otro de los derivados de aporfina más comunes en las plantas de loto es la nuciferina. Esta molécula actúa como antagonista (es decir, inhibidor) de algunos receptores del neurotransmisor serotonina, agonista (potenciador) de otros y cuando está presente, también perturba la neuroquímica de la previamente mencionada dopamina. En resumen: lo necesario para someter a nuestro cerebro a un vaivén químico capaz de alterar nuestra percepción del mundo[72].

Estas plantas eran usadas en conjunto para inducir a la persona sujeto del ritual a un trance espiritual, un sueño divino o una especie de muerte inducida que le transportaría a otro plano, en el cual adquiriría conocimiento no disponible en el mundo mortal. Al despertar, la persona renacería con una claridad mental única.

El trance era además de índole sanadora. En él se invocaba a la diosa Hathor, deidad relacionada con las artes curativas, para que el ritual sucediera como debía. Rozar lo divino para que, con su sanador toque, se calme el alma y las mentes de aquellos que sufren. Otra alternativa era simular la muerte para que la consciencia propia se disolviera, quedando más cerca del saber de los dioses para recibir así iluminación y respuestas a preguntas de vital importancia. Curiosamente, estudios recientes han demostrado que la nuciferina posee una bioquímica similar a ciertos fármacos antipsicóticos de la actualidad, por lo que esta creencia no estaba del todo basada en supersticiones y magia sin fundamentos.

Una de las principales evidencias de que el loto azul y la magia asociada a ella eran de suma importancia en el paso al otro mundo quedó reflejada en el papiro de Ani, más conocido como *El libro de los muertos*.

1

2

3

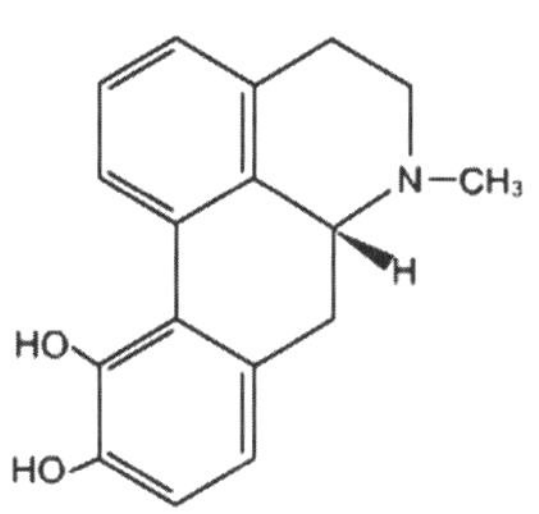

4

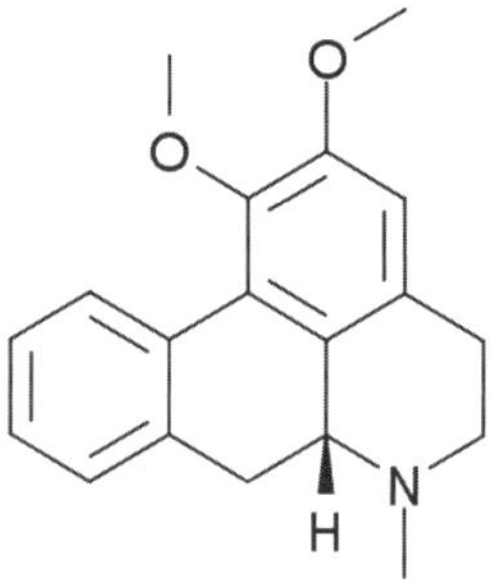

5

1. Fragmento del *Libro de los Muertos*, donde aparece representado el escriba Ani y su esposa, la sacerdotisa Thuthu, presentando flores de loto azul como ofrenda a los dioses.

2. Fragmento del *Códice de Dresde*, en el que aparece representada una diosa lunar con flores de loto blanco a modo de tocado.

3. Ilustración botánica de *Nymphaea ampla*.

4. Estructura química de la apomorfina.

5. Estructura química de la nuciferina.

Además de recoger últimas voluntades, consejos para superar las pruebas que le esperarían en el más allá y algunos hechizos de distinta naturaleza, cuenta con un capítulo llamado «Transformación en una flor de loto». En él, el escriba Ani, un habitante del Egipto del año 1300 a.C., expresa su deseo de adoptar la forma de una flor de loto, irradiada por la luz del dios padre Ra y formando parte del poder sanador de la diosa Hator[71].

Más allá del Nilo, del Mediterráneo y del mundo conocido para los egipcios, otro pueblo también erigiría complejas pirámides y usaría el poder mágico de las flores de loto para acercarse a su panteón particular. En el *Códice de Dresde*, uno de los códices mayas mejor conservados, las flores de loto aparecen en numerosas ocasiones acompañando a varias deidades, ya sea como herramienta o como prenda de ropa (similar a los tocados de la Hathor egipcia). Originario del Chichén Itzá del siglo XII, el conocimiento albergado en sus páginas deja de manifiesto cómo muchas plantas, entre ellas las flores de loto, tenían un lugar especial en las prácticas mágicas de los ancestrales habitantes del Yucatán. De una forma muy curiosa, los mayas también identificaban a las flores de loto con lo divino, el renacimiento, la salud, la fertilidad y el vigor sexual[71, 73].

El loto empleado por los mayas era el loto blanco, conocido por los científicos como *Nymphaea ampla,* na'ab por los nativos o sol de agua por los actuales habitantes del que una vez fue territorio maya. Esta planta estaba altamente asociada con varias criaturas importantes de la mitología maya, como los jaguares divinos, las serpientes emplumadas o el dios Chahk, deidad de las tormentas. Por ello mismo, figuras como los *chilam* o los *ah'men* (chamanes del Yucatán) quedaban a merced de estas poderosas plantas para acceder a eventos futuros, comunicarse con las fuerzas de la naturaleza o convertirse en personificaciones del maíz y las tormentas con el propósito de asegurar cosechas prósperas.

Al igual que el loto azul, el loto blanco posee apomorfina y aporfina, dando así explicación a los trances rituales a las que eran sometidas las diversas figuras chamánicas de la civilización maya en pro del sacerdocio[74, 75]. Y estas no serían las únicas plantas que emplearían con tal fin.

CAPÍTULO 8.

Nuevo mundo, vieja magia

Cuando los pueblos del Yucatán descubrieron a los españoles, uno de los principales choques que se dio entre ambas culturas tuvo lugar en el ámbito religioso. Y el uso de plantas con fines místicos no pasó desapercibido ante los inquisitivos ojos de los conquistadores. Los españoles interpretaron los efectos psicoactivos de estas hierbas sagradas como posesiones infernales o consecuencias de la brujería, y destinaron importantes esfuerzos en sustituir tales prácticas por actos que, bajo la mira cristiana de la época, los acercarían a la verdadera divinidad.

Se elaboraron diversos estudios e investigaciones cuyo objetivo principal era comprender las impías costumbres de estos nuevos pueblos. Algunas de ellas han llegado hasta nuestra época, como las reflejadas en *Historia general de las cosas de Nueva España*. Su autor, el monje franciscano Fray Bernardino de Sahagún, dedicó un capítulo a «Algunas plantas con propiedades embriagadoras». En él, habla de «una hierba llamada coatl xoxouhquij (serpiente verde), que produce una semilla llamada ololiuqui. Esta semilla causa embriagación y locura»[76].

El efecto percibido como locura por los cristianos y como éxtasis divino por mayas y aztecas no era otra cosa que los síntomas de la psicoactividad de *Turbina corymbosa*. Las semillas de esta planta contienen alcaloides ergóticos, tales como la ergonovina o compuestos derivados del ácido lisérgico. Si el nombre de este último te suena a algo, quizá sea porque está estrechamente emparentado con una droga muy popular. De esta familia de alcaloides, que suceden naturalmente, se puede obtener el alucinógeno semisintético LSD. Todos ellos comparten el sistema de anillos de ergolina, una estructura química estable que dota a dichos compuestos de su psicoactividad. Como otros alcaloides que afectan al tejido nervioso, los alcaloides de ergolina juegan con destreza con los elementos fundamentales de nuestra química cerebral. Modulan la actividad de varios de los receptores neuronales para la dopamina, serotonina o noradrenalina, concretamente dificultando o inhibiendo por completo el funcionamiento de los dos primeros, pero potenciando a los terceros [77]. La amida de ácido lisérgico (LSA), uno de los compuestos activos encontrados en las ololiuqui, es menos potente que el LSD, aunque sus efectos psicoactivos son igualmente notorios. Esta sustancia es capaz de provocar fuertes episodios de alucinaciones visuales, sinestesia, euforia general y una ligera somnolencia[76, 77].

A pesar de ser una de las fuentes naturales de estas moléculas, las ololiuqui no las producen realmente. Ni ellas, ni cualquier otra parte de la planta. Los verdaderos productores de este ajuar psicodélico son los hongos del género *Periglandula*, quienes viven en simbiosis con las plantas de coatl xoxouhquij y otras especies mágicas, como *Ipomoea asarifolia*. El hongo se acomoda en las partes aéreas de las plantas, y cuando producen semillas, las colonizan de tal forma que al nacer la siguiente generación ya cuentan con la compañía de sus aliados fúngicos[77].

Por lo que ha llegado hasta nuestros días, se cree que cientos de semillas de *T. corymbosa* e *I. asarifolia* eran molidas hasta crear un grano muy fino, que más tarde sería solubilizado en agua. En ocasiones se añadía cacao a la mezcla, otra planta a la que se le atribuían importantes atributos. Esta bebida sería consumida por los *chilam* o *chilamo'ob*, personas religiosas de suma relevancia en la Mesoamérica del siglo XVI, especialmente al final de cada *katún* (periodos de casi 20 años), con la intención de predecir cómo sería el siguiente. Uno de los sacerdotes, seguramente de los más experimentados en la magia vegetal, entraba en una habitación, mientras que el resto esperaba en una cámara contigua. En soledad, el *chilam* (término que significa «boca de los dioses») entraría en un trance en el que se le revelarían verdades ocultas a los ojos mortales. Algunas versiones hablan de que los sacerdotes, bajo los efectos de las plantas, se introducían en ídolos, representaciones de figuras sagradas, y desde allí contarían la verdad. El resto de sacerdotes anotaban dichas profecías, que luego discutirían para analizar el porvenir del próximo ciclo[74, 78].

Aun cuando los españoles trataron con todas sus fuerzas arrancar tan paganas creencias desde la raíz, los juguetones tallos de la serpiente verde han conseguido llegar hasta el mismo corazón de las creencias cristianas. Desde hace siglos, esta planta está vinculada a la figura de la Virgen María, y sus semillas siguen siendo empleadas por santeros y curanderos que invocan el nombre de la Madre de Dios para bendecir sus curaciones[78].

Podrás sacar a la religión de la planta, pero no a la planta de la religión.

CAPÍTULO 9.

Cactus celestiales

Más al norte del Yucatán, en el árido centro de México y la parte sur de Texas, encontramos una planta capaz de llevar a aquellos que la consumen al más elevado de los cielos a pesar de vivir en el mismísimo infierno. La primera evidencia que se tiene de ello data de hace 4000 años[79]. En la región de los Pecos Bajos, ubicada en el sureste de Texas, se encuentran las Cuevas de Shumbla. Entre las maravillas halladas en este enclave arqueológico destacan unos restos orgánicos que han llegado hasta nuestros días gracias de nuevo a las excelentes condiciones ambientales. Se trataba de una maraña de restos de plantas, amalgamados unos sobre otros y unidos por una especie de resina, también de origen vegetal. Después, se les dio una forma aplanada, como una especie de disco con ambas caras cóncavas. Al analizar esta extraña pieza, de un color ocre intenso, un hecho llamó la atención de los investigadores: a pesar del paso del tiempo, la muestra aún conservaba actividad biológica.

El metabolito encontrado en la amalgama de Shumbla era, de hecho, una más que conocida droga. La mescalina es un alcaloide encontrado en varias especies de plantas, aunque la mayor productora es *Lophophora williamsi*. Más conocido como *peyote*, este pequeño cactus es autóctono del desierto de Chihuahua. Tiene forma de disco abombado, alcanzando como máximo unos 12 cm de diámetro y rara vez superando los 5 cm de alto. Su crecimiento es muy lento, y en las temporadas de sequía fácilmente puede ser confundido con una piedra. A diferencia de la mayoría de cactus, sus espinas no son muy prominentes, pareciendo más penachos de pelo blanco que un mecanismo de defensa físico[79, 80]. Pero ¿quién necesita pinchos cuando tienes a la química de tu lado?

La mescalina, cuya fórmula química corresponde a la 3,4,5-trimetoxi-β-feniletilamina, es un potente alucinógeno de fama mundial. La mescalina debe sus propiedades alucinógenas a su capacidad para interaccionar de forma agonista con el receptor de serotonina 5-HT2A. Altas dosis de mescalina provocan la recaptación de serotonina ya sintetizada y/o la producción de nueva serotonina de forma anómala, llevando consigo todas las regulaciones nerviosas pertinentes. Esta molécula también es capaz de unirse a otros receptores de serotonina, dopamina y adrenalina. Como resultado, la entrada de mescalina al torrente sanguíneo y su posterior llegada al encéfalo provoca un estado alterado de consciencia, cambios en la percepción del espacio y del tiempo. Es común entre los consumidores experimentar un estado de paz, aunque otros sienten una profunda euforia. La mescalina también aumenta la presión sanguínea y la temperatura corporal, lo que puede llevar a efectos secundarios como mareo, vértigo, náuseas y vómitos[81].

Los primeros en emplearla según el registro arqueológico fueron los nativos del desierto de Chihuahua y otras regiones donde el peyote campa a sus anchas de forma natural, quedando registrado en una amplia variedad de yacimientos arqueológicos. Además de la evidencia de la Cueva de Shumbla, se han encontrado restos arqueológicos relacionados con el consumo de peyote en una gran variedad de contextos y culturas. La mayoría de evidencias son indirectas, es decir, utensilios empleados en los rituales involucrados en el consumo de peyote o representaciones de estos. Sin embargo, debido a la robusta anatomía de esta planta se han llegado a encontrar botones (el nombre que reciben los cuerpos individuales del cactus) momificados, como los que conformaban las cuentas de un collar hallado en el estado mexicano de Coahuila, Cuatro Ciénagas[66, 82].

Los efectos alucinógenos provocados por el peyote no son tan extremos como los inducidos por otras drogas deliriógenas (inductoras de delirio, que hacen ver, oír o incluso oler al sujeto cosas que no existen). En su lugar, se manifiestan como alteraciones de la propia realidad. Bajo los efectos del peyote, los sujetos perciben los colores o la iluminación de los elementos en su rango de visión de forma alterada, observan patrones geométricos o fractales y experimentan sinestesia, encrucijadas en los sentidos que llevan a oler colores o ver sonidos[83].

1

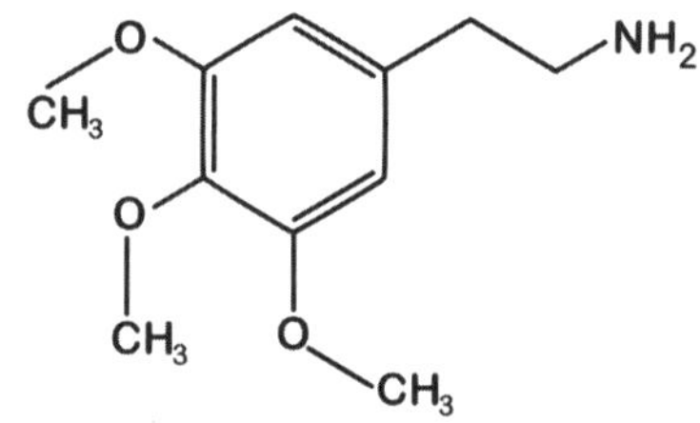

2

1. Planta individual de *Lophophora williamsi*.
2. Estructura química de la mescalina.

Para los pueblos nativos americanos, el uso religioso de esta planta es inseparable de su uso como medicina, una parte indispensable de su cultura. Un ejemplo de ello es el patrimonio cultural del pueblo Huichol, donde el peyote es consumido con objetivos de sanación y autoexploración, a través de «viajes mentales» provocados por la planta y asistidos por un guía.

Con el auge de las tendencias espirituales New Age y similares, muchos han popularizado imitaciones de este tipo de rituales, muchas veces siendo desacralizados y tan profanados como los ecosistemas que los hacen posible. Debido a su bajo ritmo de crecimiento, la recolección furtiva de peyote ha crecido en las últimas décadas, amenazando a las poblaciones de estos cactus y poniendo en jaque la biodiversidad de tan increíbles organismos. Como respuesta, grupos de activistas, muchos de ellos pertenecientes a estos grupos indígenas cuya historia está íntimamente ligada al peyote, han llevado a cabo sus propios programas de recuperación de esta mágica especie. Una lucha por preservar las tradiciones en medio de una marea de tendencias que amenazan con llevárselas por delante[79, 82].

Similar al peyote, otra planta de la familia de las cactáceas fue sujeto de veneración en diversas culturas por sus cualidades psicoactivas. Las evidencias más antiguas que vinculan a nuestra especie con esta planta fueron encontradas en la Cueva del Guitarrero, en Callejón de Huaylas, Perú. Restos de polen y algunos macrofósiles datan de entre hace 8600 y 5600 años, muy anteriores al resto de plantas mágicas aquí mencionadas[82]. Se piensa que esta planta desempeñó un papel crucial en las creencias de la región andina a lo largo de los milenios.

En el que bien podría ser considerado como «Delfos de los Andes», Chavin de Huantar, encontramos numerosas representaciones de esta especie, denotando su importancia entre los humanos que aquí se congregaban. El complejo arquitectónico de Huantar se encuentra a una distancia prácticamente equidistante de la costa del Pacífico y de la selva del Amazonas, atrayendo a numerosos creyentes de diferentes contextos ecológicos que, tras largos peregrinajes, acudían al templo aquí ubicado en busca de conocimiento. Todo el templo era un espectáculo para los sentidos, perfectamente diseñado para predisponer a los asistentes a la actividad chamánica aquí acontecida. La teoría más aceptada apunta a que este lugar estaba destinado al culto a los ancestros, y con tal de reencontrarse con aquellos que ya no están, un importante elemento era necesario: la planta del Huachuma, actualmente conocida como cactus de San Pedro.

Después del peyote, el San Pedro (*Echinopsis pachanoi)* es la planta con mayor concentración de mescalina. A diferencia del primero, se trata de un cactus alto, capaz de alcanzar los 7 metros de altura. Su cuerpo, rico en agua, tiene forma de estrella al ser cortado, y aunque posee espinas no son muy notorias[82-84].

Bebida medicinal a base de *Echinopsis pachanoi.*

Estela del portador del cactus, encontrada en el yacimiento arqueológico de Chavín de Huantar, grabada sobre piedra. La figura antropomórfica presenta varias características animales, como garras, colmillos y cabellos de serpiente. Algunos arqueólogos han interpretado esto como un efecto del consumo del cactus, al que se le atribuye la capacidad convertir a las personas en animales.

El agua era un elemento muy importante en el sistema de creencias de los chamanes andinos, además de ser un recurso tan escaso como necesario. Creían que conectaba el mundo de los vivos con el de los muertos, al igual que el viento que mece las olas o los cactus que salvaguardan a este preciado líquido.

Además de ser empleado en sanaciones místicas muy similares a aquellas que involucraban peyote, también se consideraba una forma de emprender «vuelos mágicos» que permitieran al chamán acceder a otros mundos y al saber albergado en ellos. De hecho, que en español reciba el nombre de San Pedro se debe a que a esta planta se le atribuye la capacidad de abrir las puertas del cielo, permitiendo a quienes lo consumen alcanzar la gloria divina sin abandonar el plano terrenal.

Un patrón que, como puedes apreciar, se reproduce en una amplia gama de latitudes, religiones y taxones vegetales a través de nuestro planeta[84]. Si es que a los humanos nos gusta lo que nos gusta. Qué le vamos a hacer.

CAPÍTULO 10.

Lianas del alma

Si he de hablar sobre plantas venenosas con un impacto notorio en las religiones humanas, hay dos especies en concreto que no pueden pasar desapercibidas. Su compleja química, que encaja como una llave en su cerradura, ha sido el punto de partida de muchos cultos y tradiciones a lo largo del mundo. Sus orígenes se encuentran en uno de los ecosistemas más grandes del mundo: la selva del Amazonas.

Hogar de miles de especies vegetales y un rico y diverso número de poblaciones humanas indígenas, la diversidad étnica y fitoquímica del Amazonas ha dado lugar a un sinfín de creencias, ritos y religiones completas que tienen a las plantas como pilar central.

De entre todas, las que más resuenan en nuestros días son las relacionadas con la poción conocida como yagé o ayahuasca, una decocción que involucra a dos habitantes amazónicos sumamente curiosos, tanto desde el punto de vista metabólico como ecológico. Y que, por si fuera poco, ha conseguido convertirse en uno de los alucinógenos más conocidos del mundo.

La primera de ellas es la *Banisteriopsis caapi*, cuyo nombre común es el mismo que recibe la bebida ritual obtenida. El término *ayahuasca* procede del quechua, y significa «bejuco de la muerte». Esta planta, como su propio nombre indica, es un bejuco o liana. Las especies con este tipo de cuerpo cuentan con tallos alargados y estrechos, que suelen ser leñosos e incapaces de sostenerse a ellos mismos. Para poder desarrollarse, los bejucos buscan otras superficies sobre las que crecer y proliferar, solucionando así el problema del peso corporal. En el contexto selvático, donde la masa vegetal puede tener varias decenas de metros de espesor, las plantas compiten ávidamente por un mismo recurso que en otros ecosistemas estaría completamente disponible para ellas: la luz. Las plantas más altas tapan la luz solar, atiborrándose, mientras que las especies de menor tamaño deben conformarse con los pocos rayos que consigan llegar a los niveles más inferiores de la selva. La evolución ha llevado a las plantas a desarrollar un compendio de estrategias para poder obtener su ración pertinente de luz, aunque no sean capaces de producir los gruesos y altos troncos de los árboles más centenarios.

Al ser trepadora, *B. caapi* se aprovecha de los cuerpos de las plantas más grandes como si de un andamio se tratase, escalando entre sus troncos y ramas para llegar a las cotas más altas, regocijándose así en un auténtico festín fotosintético[85].

Muchos creen que es la *B. caapi* la que dota a la ayahuasca de sus propiedades psicoactivas, pero un rápido vistazo a su metabolismo especializado nos demuestra lo contrario.

Esta planta produce alcaloides de β-carbolina, como la harmina y la harmalina, conocidos por su capacidad para bloquear la actividad de una importante enzima implicada en el correcto funcionamiento de nuestro cerebro. Las monoamino oxidasas (MAO) son proteínas cuya función es degradar a los neurotransmisores que nuestro propio cuerpo produce para evitar que causen problemas una vez han jugado su papel, además de degradar moléculas procedentes del exterior que puedan resultar perjudiciales para nuestro organismo. Ejemplo de ello son algunas aminas de efecto neurotóxico. Entre ellas, alucinógenos.

Los derivados de β-carbolina tienen especial actividad sobre la MAO-A (una de las tantas MAO con las que contamos los humanos), pero no tienen capacidad alucinógena alguna. Es decir, que *B. caapi* se limita a allanar el terreno para que otras moléculas jugueteen con nuestro sistema nervioso[70, 86]. Entonces, ¿quién es responsable de los tan famosos efectos de la ayahuasca?

2

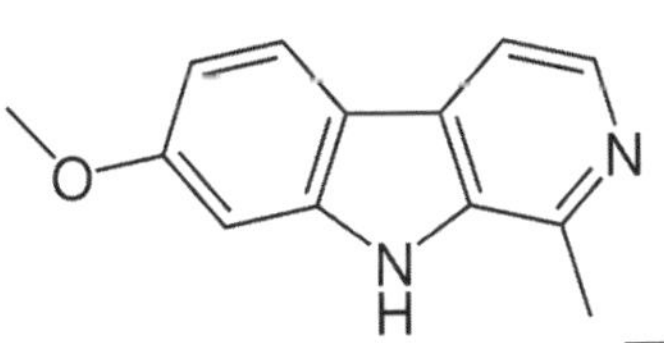

3

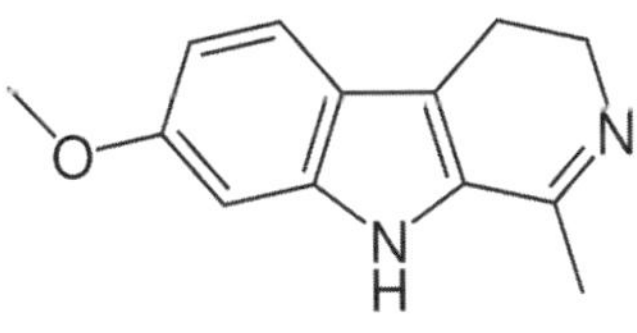

4

1. Lianas de *Banisteriopsis caapi* en estado salvaje.
Varias de las partes de *B. caapi* pueden usarse
para la elaboración de la ayahuasca, como las hojas o los tallos.

2. Tallos y hojas de *Banisteriopsis caapi*.

3/4. Principales metabolitos de *B. caapi* importantes en la acción psicoactiva del yagé:
la harmina (izquierda) y la harmalina (derecha).

Las plantas del género *Psychotria* son arbustos de no más de 5 metros y hojas de verde intenso. A pesar de vivir en la sombra de altos árboles y retorcidas lianas, tienen asegurado su lugar en el suelo selvático. Cuentan con una gran variedad de mecanismos para evitar el crecimiento de plantas que puedan hacerles competencia, además de que su rico néctar y atractivos frutos establecen estrechas relaciones con los animales encargados de su reproducción. Estudios recientes apuntan a que las *Psychotria* son beneficiosas para la salud de la selva, favoreciendo los procesos de sucesión ecológica necesarios para que las zonas deforestadas puedan regenerarse[87].

Mas allá de tener un importante papel ecosistémico, algunas especies de este género producen la llamada «molécula de Dios»: la N,N-dimetiltriptamina (DMT). La más conocida por ello es *P. viridis*, que además es la encargada de dar el toque mágico a la ayahuasca. Gracias al trabajo previo realizado por los alcaloides de *B. caapi,* el DMT puede pasar por las barreras defensivas de nuestro cuerpo sin ningún problema. Y es así como empieza el espectáculo.

El mecanismo de acción del DMT aún está en debate. Se cree que, como la mescalina u otros alucinógenos clásicos, sus efectos se deben a la interacción agonista que tiene con los receptores 5-HT2A. Tal actividad está registrada en numerosos artículos, aunque aún se duda de que sea exclusivamente el motivo de su actividad. Una vez en el interior del sistema nervioso, tras haber atravesado las barreras de la MAO, el DMT se almacena en el interior de las neuronas serotoninérgicas, donde las usa tanto de refugio como de lanzadera. Al estar almacenada en los compartimentos celulares donde se reserva la serotonina, no hay presencia de MAO. Estar en estos mismos reservorios le permite acceder a la ruta de salida de la serotonina, actuando como un falso neurotransmisor[86].

Los efectos de la ayahuasca son diversos, y cada uno más llamativo que el anterior. Produce las visiones caleidoscópicas del peyote, y el estado de relajación del loto azul, seguidas de sinestesia en muchos casos. Conduce a alteraciones en la autopercepción, lo que le ha llevado a ser patrocinada como la pócima definitiva para el autodescubrimiento. Además de «elevar la consciencia», como hacen los tallos de la liana de la muerte en busca del sol, varios artículos reflejan que los sujetos que han consumido ayahuasca pueden llegar a asimilar mejor experiencias pasadas, tanto de forma lógica como emocional. Y estas son tan solo algunas de sus consecuencias.

De entre el mar de experiencias que uno puede vivir bajo los efectos de esta droga, sin duda lo más llamativo son las experiencias cercanas a la muerte (ECM). Sí, has leído bien. Estas plantas pueden hacerte experimentar tu propia muerte aun estando perfectamente saludable[86, 88].

En varias investigaciones cuyo objetivo principal es conocer un poco más sobre este fenómeno tan extraordinario, varias personas que tuvieron ECM como consecuencia del consumo de ayahuasca reportaron experimentar un profundo sentimiento de amor, disolución del ego e incluso revivir el propio nacimiento ecológico. Es común también en las ECM (incluidas aquellas mediadas por plantas mágicas) experimentar encuentros con «un ente superior», cuya identidad varía según el contexto cultural del sujeto. En los círculos occidentales, dicha entidad suele ser el dios cristiano, mientras que para los pueblos que comparten ecosistema con *B. caapi* y *P. viridis* se trata del «espíritu del yajé», una personificación de las plantas que hacen posible la existencia de la ayahuasca[89, 90].

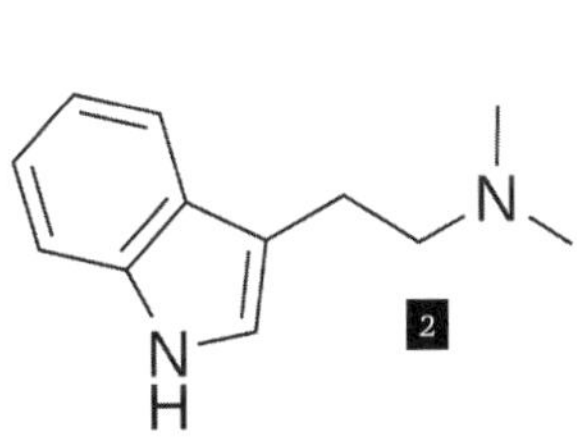

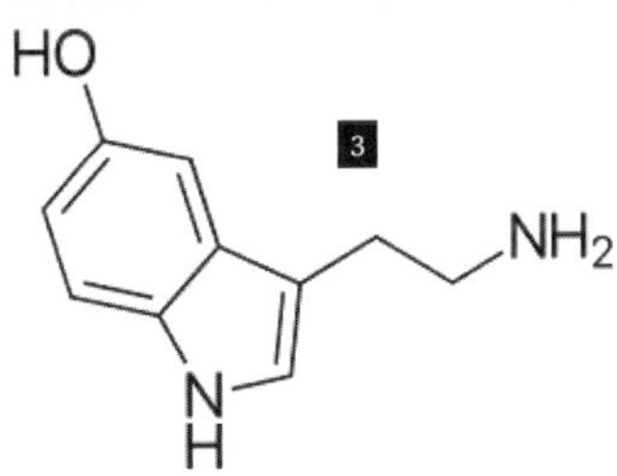

1. Arbusto de *Psychotria viridis*.
2. Molécula de DMT (izquierda).
3. Nótese su parecido con la estructura de la molécula de serotonina (derecha).

Sabiendo todo esto, no es de extrañar que para los antiguos incas la ayahuasca fuera un recurso sumamente preciado, en su mayoría reservado para importantes eventos religiosos como los sacrificios humanos. En el yacimiento de la montaña de Ampato, en Perú, se encontraron los restos de varias víctimas de sacrificios de hace 500 años, ofrecidas a los dioses para mantener la seguridad de los habitantes de la región. Gracias a análisis cromatográficos sabemos que los sujetos inmolados consumieron plantas psicoactivas semanas antes de su sacrificio, como demuestran las trazas moleculares encontradas en su pelo.

Los sacrificios formaban parte del ritual capacocha, que consistía en un despliegue de procesiones y ofrendas cuyo objetivo era mantener contentos a los *huacas*, deidades de las fuerzas de la naturaleza o lugares sagrados. Tras la muerte, las personas sacrificadas se convertían en intermediarios entre su pueblo y los huacas, por lo que debían encontrarse en un buen estado de ánimo si deseaban que las negociaciones no acabasen en tragedia. Los restos de harmina encontrados en el cabello de los sacrificados dejan de manifiesto que, al menos, ingirieron uno de los ingredientes principales de la ayahuasca. Por desgracia el DMT no se metaboliza tan bien en la queratina humana, principal componente de nuestro pelo, por lo que no podemos afirmar que los sujetos de este ritual hubieran consumido ayahuasca tal y como la conocemos.

De lo que sí se mantiene registro es de que el consumo de estas plantas ayudó a mejorar el estado de ánimo de las personas elegidas para formar parte del capacocha, quienes de primeras no recibirían con agrado la noticia de que iban a ser sacrificados[90]. La verdad es que eso de ser víctima de un sacrificio ritual no parece ser el plan ideal de miércoles por la tarde para nadie.

¿Será porque, a través de esta planta, ya experimentaron su propia muerte y le perdieron el miedo a lo que hubiera más allá? ¿Qué experimentarían estas personas hace 500 años, a la espera de su propio sacrificio? ¿Y de qué forma estas plantas jugaron un importante papel en los últimos días de su vida? Nunca lo sabremos, pues toda respuesta se fue con ellos.

La fórmula de la ayahuasca que aquí he descrito es solo una de los miles posibles. Cada etnia, cada tribu e incluso cada curandero puede tener su receta propia[87]. A diferencia de los mal llamados «chamanes modernos», todos comparten un profundo respeto por estas prodigiosas plantas y los efectos que son capaces de causar en nuestro organismo. Son consideradas «personas no humanas» por varias culturas, e incluso se pide permiso y perdón a las plantas por mutilarlas para su consumo. La ayahuasca, al igual que el peyote, el San Pedro, la serpiente verde, los lotos mágicos y el resto de plantas mencionadas en este capítulo comparten ese estatus. A pesar de ser sumamente distintas, tanto física como químicamente, todas ellas son reconocidas como portadoras de conocimiento por las respectivas civilizaciones que han establecido contactos con ellas. Son llamadas «plantas maestras», y sumamente veneradas por tal condición.

Pero no siempre son usadas para dar buenas lecciones. Y sus raíces se extienden más allá de la línea ente lo profano y lo divino.

CAPÍTULO 11.

Historia vegetal de las drogas

La muerte siempre ha sido una de las grandes incógnitas de la humanidad. Cómo evitarla, cómo infringirla, qué habrá más allá... Todas estas dudas llevan persiguiendo a nuestra especie desde nuestros orígenes hasta la actualidad. Pocas cosas son tan comunes a todos nosotros como la amargura de un luto, el último adiós a un ser querido y la vida sin ellos. Los humanos hemos desarrollado complejos ritos funerarios a lo largo y ancho del mundo para poder soportar a la muerte. Velatorios, incineraciones, enterramientos y un sinfín de formas de despedirnos de nuestros allegados.

Uno de los ritos funerarios más curiosos quizá sea el empleado por varios pueblos escitas, los indómitos nómadas de las estepas euroasiáticas que, arco y flecha en mano, consiguieron aterrorizar a pueblos tan poderosos como los antiguos griegos o el Imperio romano. No por las rocambolescas formas en las que trataban al cuerpo del difunto o por la suma complejidad de sus funerales, sino por la forma que tenían de llevar este desagradable trago. Según el historiador griego Heródoto de Halicarnaso, que fue testigo de uno de estos enterramientos, los escitas no lloraban a sus muertos: reían por ellos. En las crónicas de Heródoto se narra cómo los asistentes, tras el funeral, participaban en una ceremonia para limpiarse de todos sus males. La purificación consistía principalmente en un baño de humo, que emanaba de unos recipientes metálicos con rocas candentes en su interior. «Una vez el vapor comenzaba, sobrepasaba cualquier humareda producida por cualquier baño de vapor hallado en Grecia», dijo el historiador. Una vez sumidos en el humo, los escitas parecían olvidarse de sus penas, pues «lo disfrutaban tanto que aullaban de placer». Durante este peculiar luto, los asistentes del funeral rebosaban euforia, reían y, en definitiva, se dejaban llevar por los placeres que aún esperaban a los vivos.

¿Qué escondía este milagroso humo de los escitas, que parecía capaz de sanar los corazones rotos por la pérdida? Su secreto, una de las drogas más consumidas en la historia de la humanidad: el cannabis[63].

Cannabis, maría, marihuana, yerba o verde son algunos de los nombres comunes que reciben las especies del género *Cannabis*, especialmente *C. sativa* y *C. indica*. Algunos botánicos mantienen que se trata de dos subespecies de una misma especie, *C. sativa* subsp. *sativa* y *C. sativa* subsp. *indica*. Se tienen registros de que su cultivo podría remontarse a los orígenes de la agricultura misma, con algunas dataciones estimando su aparición en nuestras explotaciones agrarias entre hace 12 000 y 10 000 años, en la actual China. De hecho, una de las principales teorías sobre su aparición apunta a que todos los biotipos de cannabis aparecerían en este punto del globo, y que posteriormente serían llevados por los humanos a nuevos territorios. Cabe destacar que el principal propósito del cultivo de cannabis era la obtención de fibras textiles, como las que seguimos usando en la actualidad a base de cáñamo[92]. Sin embargo, los prodigios químicos de esta planta no pasarían desapercibidos.

Entre los metabolitos producidos por estas especies están los archiconocidos tetrahidrocannabidol (THC) y cannabidiol (CBD). Ambas moléculas son de naturaleza terpénica, lo que les da una pésima solubilidad en agua pero excelente en medios grasos, como es la sangre humana. De ahí su rápida distribución. El THC es el componente psicoactivo del cannabis, que interactúa con los receptores cannabinoides de nuestro propio cuerpo para provocar sus efectos fisiológicos. Si tenemos este tipo de receptores (como el CB1 o el CB2) es porque nosotros también producimos cannabinoides, conocidos como endocannabinoides. Forman una parte crucial en el sistema endocannabinoide, actuando como moduladores de la actividad neuronal en varios procesos, como la regulación del apetito, la percepción del dolor o el aprendizaje motor. El THC es un agonista de estos receptores, y al unirse a ellos comienzan a manifestarse los síntomas típicos del consumo de cannabis. Relajación general, euforia, analgesia y estimulación del apetito son los más comunes. Por otra parte, el CBD carece de actividad psicoactiva, pero parece tener propiedades ansiolíticas y antipsicóticas. Algunos estudios apuntan a que podría balancear los efectos del THC, haciendo que el consumo de cannabis tenga una sintomatología más moderada[93].

1

2

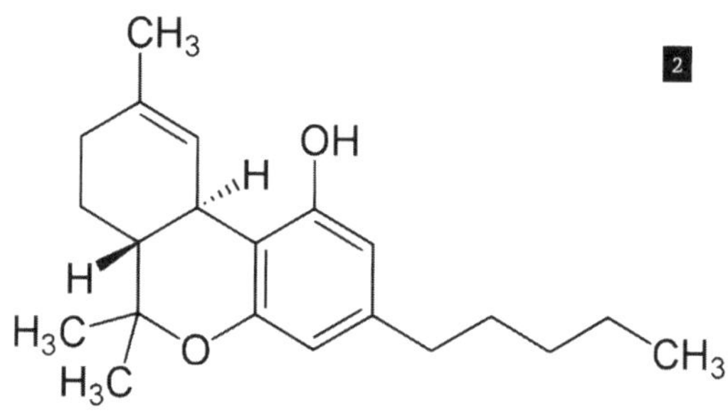

3

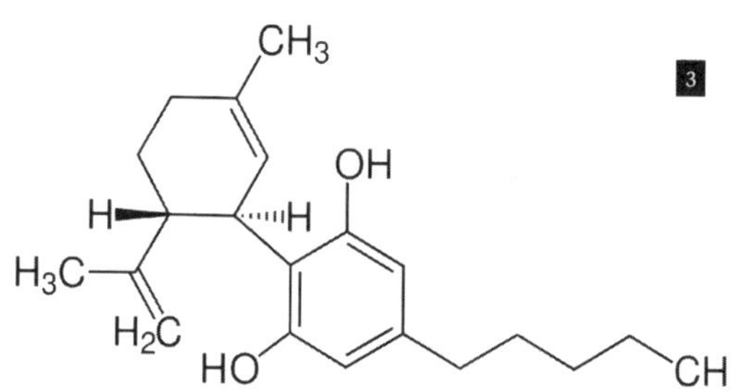

1. Ilustración botánica de *Cannabis sativa*.
2. Estructura química del THC.
3. Estructura química del CBD.

En las variedades silvestres de cannabis o aquellas domesticadas para la producción de fibra (más conocida como cáñamo), el CBD es la molécula predominante. En cuanto a las variedades derivadas al uso recreativo de la planta, las proporciones de THC son mucho más elevadas que en la naturaleza. Sin embargo, las plantas de *C. indica* tienen una ratio de THC/CBD más elevada. Este ha sido uno de los principales argumentos para separar a ambas especies (o subespecies), y para elegir a *C. indica* como la mejor materia prima para la elaboración de hachís. Este producto, derivado de la resina y/o polen de la planta, puede llegar a contener hasta un 14 % de THC, estando más concentrado que en cualquier parte de la planta[92, 93].

La parte más apreciada por productores y consumidores son las inflorescencias femeninas, cúmulos de flores que solo se dan en las plantas hembras. Las plantas de cannabis pueden ser hembras, machos o hermafroditas, en función de si producen flores con ovarios, estambres o ambos tipos respectivamente. Las inflorescencias femeninas son las de mayor tamaño, y están recubiertas por unos pelitos llamados tricomas. En estos tricomas se acumula gran cantidad de cannabinoides y forman una importante barrera defensiva contra los herbívoros. Estudios más recientes apuntan a que, además de proteger a la planta de las fauces de los insectos, el THC y el CBD sirvan contra otro tipo de amenazas. Los tejidos reproductivos son especialmente vulnerables a la radiación ultravioleta de tipo B (UVB), que pueden sufrir quemaduras y mutaciones que perjudiquen a la siguiente generación. El THC ha demostrado poseer altas capacidades de absorción de la UVB, actuando como un protector solar propio de estas plantas[93]. Aunque los humanos, sin lugar a dudas, les hemos encontrado otros usos cuanto menos curiosos.

En el material fresco, como el recién recogido o la propia planta viva, estos metabolitos se encuentran en la forma de ácidos carboxílicos, respectivamente ácido tetrahidrocannabinólico y ácido cannabinólico. Para activarlos y que tengan algún efecto en el cuerpo humano deben ser sometidos a un proceso de descarboxilación. Secar el material y someterlo a elevadas temperaturas son los métodos más asequibles y comunes para conseguirlo. El procedimiento más extendido para el consumo de cannabis implica el secado de los cogollos (inflorescencias femeninas), el machacado de estos y, después, su consumo en forma de cigarros o similares. De esta forma, los metabolitos han pasado varias veces por el proceso de descarboxilación, aumentando la cantidad de THC y CBD activos[93]. Arrojar semillas a piedras candentes e inhalar el humo resultante, como hacían los escitas, también es un método eficaz en el consumo de esta planta. Especialmente si lo que se desea es pasar un buen rato.

Gracias a la evidencia arqueológica sabemos que las distintas especies y variedades de cannabis fueron consumidas como planta recreativa por un gran número de grupos humanos. Además de los escitas, su consumo estaba extendido en potentes civilizaciones como fueron el Imperio chino, el árabe y el indio, quienes llevaban esta droga a los lugares que anexionaban a sus territorios. Incluso ciertas evidencias señalan que podrían haber llegado hasta los pueblos escandinavos[63]. En la actualidad el cannabis se encuentra expandido por el mundo entero. En 2018, un estudio realizado por las Naciones Unidas señaló que un 4 % de la población mundial ha consumido cannabis en algún momento de su vida. Los consumidores más habituales se encuentran entre los 15 y los 64 años, una ventana muy amplia. Según la Agencia de Drogas de la Unión Europea publicado en 2025, el cannabis es la droga más consumida por los europeos, demostrando así que las distintas prohibiciones y políticas que prevén y penan su producción y consumo no son un gran impedimento para el consumidor medio.

El consumo de cannabis no está exento de contraindicaciones, especialmente si tiene lugar de forma frecuente antes del desarrollo completo del cerebro, que en algunos individuos puede prolongarse hasta los 25 años. Si durante la adolescencia el sistema nervioso ha estado expuesto constantemente al THC y el resto de químicos del cannabis, existe un mayor riesgo de padecer trastornos de ansiedad y depresión, además de desarrollar adicción tanto por esta droga como otras. En adolescentes, el cannabis también puede provocar comportamientos antisociales, que no hacen sino acentuar todo lo demás. Existe un gran número de factores que condicionan la posible aparición de estos trastornos, como la genética, la clase social o el país de residencia[92, 93]. Pero la capacidad de esta planta para trastear con nuestros cerebros, tanto para bien como para mal, es más que obvia.

Mientras que en tiempos antiguos drogas como el cannabis tenían un uso más restringido, reservado a rituales y prácticas de índole religiosa, en la actualidad su consumo se ve como una actividad recreativa más. Desacralizadas, estas plantas han pasado de ser un elemento muy importante en, por ejemplo, el culto a los muertos de los escitas, para ser una buena forma de darle un empujón a esa fiesta que no termina de arrancar.

Algo similar hicieron los romanos con solanáceas como el beleño o la belladona, que usaban para «darle fuerza» al vino y provocar un estado mayor de embriaguez en sus comensales, que sin duda sería de utilidad en las bacanales. Más tarde, en el siglo XV, estas mismas plantas serían utilizadas para adulterar las bebidas de ciertos invitados de banquetes y eventos similares. El pobre diablo que acabase intoxicado se comportaría de forma extraña, y el resto usaría este comportamiento anómalo como método de entretenimiento. En ocasiones, usando el poder químico de estas plantas y la sugestión, se les hacía creer que se habían transformado en animales, y su comportamiento errático se convertía en uno más salvaje[64].

Hablando de comportamientos extraños, seguro que has escuchado en alguna parte las devastadoras consecuencias que tiene una de las drogas emergentes en la actualidad. Su nombre ha llegado a las portadas de los periódicos más famosos, y se encuentra entre una de las principales amenazas para la salud pública de varias naciones. Aunque el fentanilo sea relativamente joven y de síntesis artificial, sus orígenes se remontan a un estupefaciente mucho más antiguo y de origen vegetal. Y no solo el fentanilo. La heroína, la codeína, la oxicodona y otras muchas deben su aparición a una misma droga primitiva.

El opio fue una de las sustancias más consumidas con fines recreativos en la antigüedad. Era obtenida de unas primas de las amapolas, las adormideras, conocidas por los seres humanos desde hace milenios. Otra especie del mismo género, *P. setigerum*, también puede ser usada como materia prima para la producción de opio, pero su contenido en metabolitos secundarios es mucho menor[95]. Se cree que la domesticación de la adormidera tuvo lugar en territorios mediterráneos, donde se encuentran algunos de los yacimientos más antiguos que dejan de manifiesto el consumo de esta planta en contextos rituales. En el yacimiento arqueológico de La Marmotta, ubicado en la costa oeste de Italia, se encontraron semillas de adormidera en una cámara de uso ritual[63]. Estas semillas datan de la mitad del sexto milenio antes de la era contemporánea. Al este de este yacimiento, en la península ibérica, se encuentra el yacimiento funerario de la Cueva de los murciélagos, en Albuñol, España. De aquí, los arqueólogos extrajeron un saquito con un curioso contenido: ovarios secos de adormidera y pelo humano. Algunos expertos han teorizado que podría representar un vínculo entre la muerte y esta planta, asociando el descanso eterno con los plácidos sueños que pueden provocar sus metabolitos[63].

Una de las primeras evidencias directas sobre el consumo de opio como sustancia recreativa la encontramos en tablillas cuneiformes pertenecientes a la cultura sumeria, donde se menciona a esta especie como «planta de la felicidad». Posteriores a ella tenemos diversos escritos, dibujos, esculturas y otras representaciones elaboradas por sumerios, babilónicos, asirios, chinos, escitas, cretenses, íberos, egipcios y romanos, entre muchos otros. No es de extrañar que las adormideras formaran parte de la medicina de estas culturas. Tienen un fuerte efecto analgésico, que en bajas dosis funcionaba como remedio para el dolor, y en altas, como un auténtico sedante. Incluso podía llegar a usarse como una forma de eutanasia primigenia, sumiendo al enfermo en un profundo sueño del que nunca despertaría[63].

Para obtener el tan preciado opio debían rasgarse los ovarios de las adormideras, de cuyas heridas rezuma un líquido espeso y blanquecino. No es otra cosa que el látex de la propia planta, producido como un método de defensa similar al que encontramos en algunas euforbiáceas. Este látex contiene un gran número de compuestos. Tan solo entre el 10 y el 20 % (según las condiciones de crecimiento) corresponden a los alcaloides de esta planta, de los que se han detectado cerca de 40. Los más significativos a la hora de producir síntomas de intoxicación son, en orden de abundancia, la morfina, la noscapina, la codeína, la papaverina y la tebaína. Todos estos metabolitos contribuyen a los efectos que tiene esta planta en el sistema nervioso humano, yendo desde la reducción del dolor hasta la depresión respiratoria, pasando por miosis (contracción de la pupila) y relajación de los músculos involuntarios[95, 96].

Al igual que sucedía con los endocannabinoides, nuestro propio cuerpo produce opioides endógenos, las endorfinas. Cuentan con sus propios receptores en las neuronas que, como puedes imaginar, son los mismos que emplean los metabolitos de la adormidera para jugar con nuestra química cerebral. Al inyectar opioides en vena, pasan directamente al torrente sanguíneo, y de aquí al cerebro. Al llegar a las neuronas, provocan desbalances en su contenido de iones, que es sumamente importante para que el impulso nervioso pueda producirse. En su caso, los opioides impiden a las neuronas la liberación de neurotransmisores. Es decir, que impiden la sinapsis. Esta inhibición de la comunicación entre neuronas provoca que algunas poblaciones de estas células se estimulen y que otras se depriman, lo que a gran escala se manifiesta con los síntomas anteriormente mencionados[94-96].

Una vez herida la planta, el látex se dejaba secar, para después raspar lo que el sol había dejado: una especie de resina cristalizada de color entre amarillo y marrón. Podía ingerirse disuelta en algún tipo de bebida, como el láudano creado por el alquimista Paracelso. Se trataba de una bebida alcohólica que incluía en su receta opio y beleño con varios fines medicinales. Menuda bomba.

Como alternativa, el opio podía ser fumado. En Kition, Chipre, se encontró un artilugio del que se sospecha que podía ser una pipa de opio. Este ornamentado tubo de marfil de la edad de bronce tardía aún tiene trazas de restos quemados en su interior. En la localidad cretense de Gazi también se encontraron vasijas tubulares de entre 3450 y 3100 años de antigüedad, que seguramente habrían servido para la inhalación de vapores de opio[63].

1

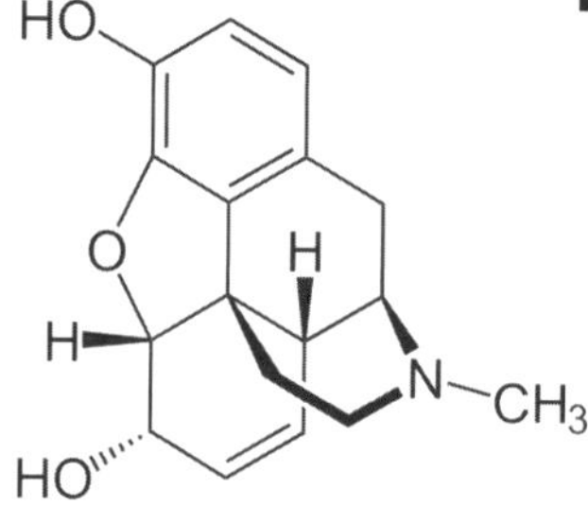

2

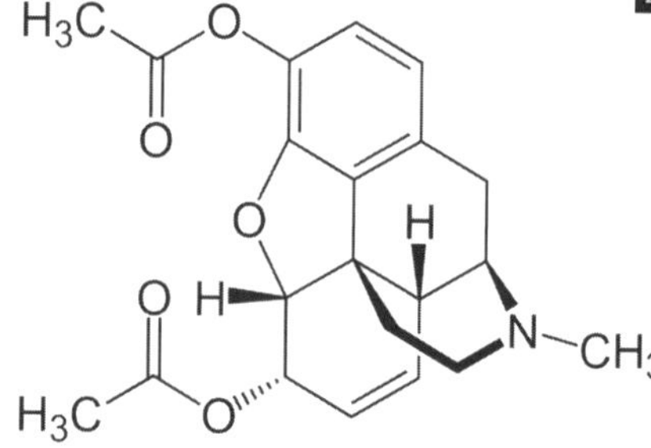

3

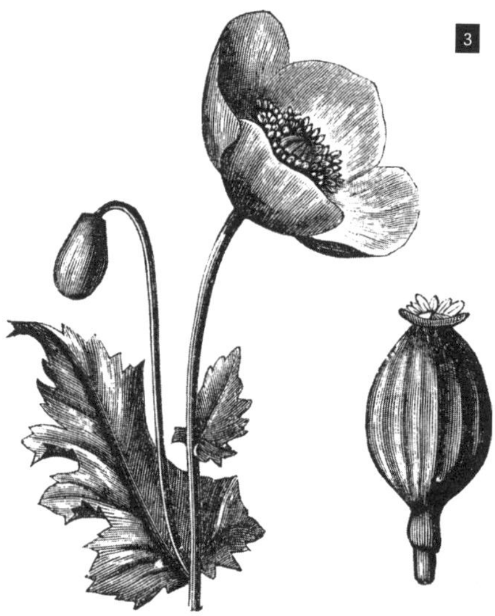

1. Fórmula química de la morfina (izquierda)
2. Fórmula química de la heroína (derecha).
3. Ilustración botánica de *Papaver somniferum*, la planta a la que le deben su origen.

En tiempos más modernos, el opio y los alcaloides también han tenido una fuerte presencia en la vida humana. El propio término *alcaloide* que tantas veces has leído a través de estas páginas fue acuñado para nombrar a la morfina, ya que mostraba propiedades químicas similares a los álcalis o bases. La morfina fue el primer alcaloide nombrado como tal, y su descubrimiento y aislamiento en el siglo XIX revolucionó nuestra historia.

Jugó un papel importante en conflictos bélicos contemporáneos a su descubrimiento. Entre ellos las conocidas como las Guerras del Opio, una serie de enfrentamientos entre el Imperio británico y el Imperio chino en parte causados por el dominio sobre el comercio del opio. Las plantas ya no solo son la herramienta de la guerra, sino también su motivo. La morfina resultó también de suma relevancia en la guerra civil americana. Pastillas de morfina eran administradas a los soldados heridos para aliviar su dolor, aunque también podía aplicarse directamente sobre heridas abiertas. La morfina entraba directamente en el torrente sanguíneo, y sus efectos eran casi inmediatos. A pesar de que ayudó a salvar muchas vidas y facilitó las labores de los médicos militares, también tuvo importantes efectos secundarios. Tras una exposición continuada a la morfina, los soldados comenzaron a manifestar una de las principales contraindicaciones del abuso de esta molécula: la adicción. Como resultado, muchos veteranos de guerra quedaron adictos de por vida. Tanto, que la adicción a la morfina era conocida como «la enfermedad del soldado»[96].

Otro grupo poblacional en el que destacaba la adicción a la morfina eran las mujeres de clases acomodadas. Vistas como *el sexo débil*, se creía que las mujeres tenían una menor tolerancia al dolor que los hombres, por lo que se pensaba que necesitaban una mayor cantidad de analgésicos. También usaban la morfina para tratar los dolores menstruales y la *histeria femenina*. Podían permitirse este medicamento gracias a sus recursos económicos, y eran recetadas libremente por los médicos de la época. En ese entonces las agujas hipodérmicas ya se encontraban en circulación, de tal forma que los sanitarios disponían de métodos de administración más eficaces. Las esposas de los médicos también conformaban un importante grupo frente a los adictos a la morfina, pues sus esposos tenían suma facilidad para recetarles y administrarles este fármaco. La «mujer histérica» se convertía entonces en una adicta maleable.

Pero ni siquiera los propios médicos escapaban de las garras de la morfina. Siendo el principal punto de entrada de esta droga a la sociedad, ellos mismos eran los primeros en sufrir su adicción en las últimas décadas del siglo XIX[97].

Una vez conocida la adicción a la morfina, los investigadores comenzaron a movilizarse para encontrar nuevas formas de esta molécula sin este indeseable efecto secundario. Fue así como Alder Wright sintetizó por primera vez la diamorfina, a la que bautizó como heroína. Inicialmente empleada como un sustituto de la morfina en jarabes para combatir la tos y los dolores provocados por esta, poco tiempo después tras su comercialización se demostró que este nuevo fármaco era más adictivo aún que el metabolito del que procedía. Ya se sabe, segundas partes nunca fueron buenas. Es más lipofílica que la morfina, llegando antes y con menor esfuerzo al tejido neuronal. Tras una dosis de heroína en vena, se produce un corto episodio de extrema euforia que puede durar de entre 1 a 3 minutos. Le sigue un periodo de suma calma de una hora aproximada, desapareciendo entre las 3 y 5 horas del consumo inicial. Tan efímera e intensa es esta sensación que los consumidores pueden llegar a pincharse varias veces en un mismo día, con la intención de repetirla una y otra vez. Por no contar con el intenso síndrome de abstinencia, que se manifiesta entre las 6 y 12 horas posteriores a la dosis y que puede llegar a durar hasta 12 días. Al estar sometidos constantemente a este ataque químico, los receptores neuronales que median la acción de la morfina y sus derivados se vuelven tolerantes. Se necesitan dosis cada vez mayores para lograr los mismos efectos. Los consumidores habituales de heroína pueden llegar a consumir dosis 100 veces superiores a la primera. Y, a medida que sube la dosis, más se acercan a la necesaria para causar la muerte[95, 96].

Al actuar como un relajante de los músculos involuntarios, ante la presencia de dosis muy elevadas de opiáceos, las células musculares de las arterias dejan de contraerse. La presión arterial se desploma y el pulso se debilita. Algo similar sucede con los músculos encargados de la ventilación pulmonar. La respiración se convierte en una tarea costosa, volviéndose lenta y forzosa. En los casos de sobredosis llega a producirse el paro respiratorio, que, sumado a las alteraciones cardiacas, pueden llevar a la muerte sin la atención médica necesaria.

Por desgracia, las sobredosis por heroína y otros opiáceos se cobraron miles de vidas en la conocida como epidemia de la heroína del siglo XX. La inestabilidad económica, política y social de este convulso periodo empujó a miles de personas al consumo de heroína, muchos de ellos jóvenes, entre las décadas de los 70 y los 90 del siglo pasado. Podría decirse que en este aspecto hemos aprendido algo de la historia, pero la epidemia de fentanilo que azota actualmente a Estados Unidos y amenaza con extenderse a otras naciones americanas nos indica lo contrario[96].

En este mismo continente apareció una de las drogas que, junto al cannabis y los derivados del opio, se mantiene como una de las más consumidas a nivel mundial. En Europa, donde entra constantemente por vía marítima, es la segunda sustancia ilegal más consumida. Pero queda muy lejos de sus orígenes en la naturaleza, tanto física como químicamente.

En varias regiones a lo largo de Sudamérica crecen arbustos pertenecientes al género *Erythroxylum*, que cuenta con aproximadamente 230 especies. De todas ellas destacan dos principalmente, *E. novogranatense* y *E. coca*. Como te puedes imaginar, estas plantas son la materia prima de la que se extrae la cocaína, sustancia ilícita que mueve más de 140 mil millones de dólares estadounidenses en el mercado negro cada año. Estas especies son sumamente ricas en metabolitos secundarios, y aunque no lo creas, es muy probable que los hayas probado. Sus hojas secas (sin cocaína, claro está) forman parte de la fórmula de la Coca-Cola, y teóricamente estas moléculas son las que le dan parte de su sabor.

La cocaína comercial, por llamarla de alguna forma, suele proceder de las plantas de *E. coca* var. *coca*, llamada popularmente coca boliviana. Por otra parte, la coca empleada en el consumo tradicional o medicinal puede proceder distintas variedades, cada una de ellas con una concentración diferente de cocaína en sus hojas. La que más cocaína almacena en estos órganos es la coca colombiana, *E. novogranatense* var. *novogranatense*, con un promedio de 0,77 %. Le sigue la coca de Trujillo, *E. novogranatense* var. *truxillense*, una variedad adaptada al árido clima de los desiertos costeros de Perú con 0,72 %. Tras ella está la coca boliviana, que almacena 0,63 %, y por último la coca amazónica o coca ipadú, *E. coca* var. ipadu, con entre un 0,11 a 0,41 %. Estos porcentajes hacen referencia a la concentración total de peso seco, una medida común a la hora de evaluar el contenido metabólico de un tejido vegetal. Estando mayoritariamente compuesto por agua, se deja deshidratar para medir qué porcentaje real del contenido no hídrico del mismo representa a cada grupo de metabolitos[99].

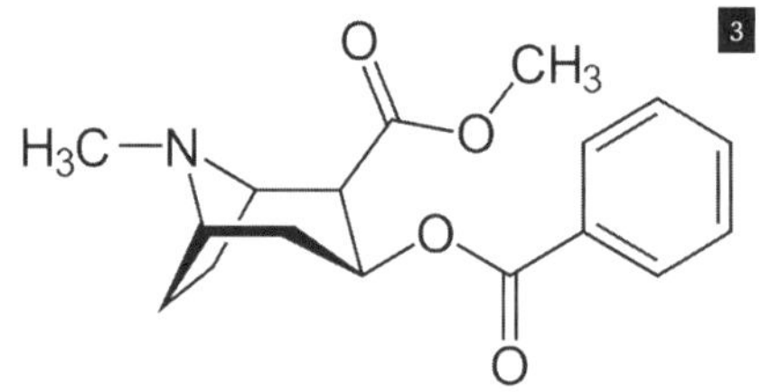

1. Ilustración botánica de *Erythroxylum coca*.
2. Hojas de coca secas, lista para su consumo por métodos tradicionales.
3. Fórmula química de la cocaína.

La domesticación de la coca podría haber empezado hace unos 8000 años, siendo de las primeras plantas cuya evolución ha sido moldeada por el ser humano en el continente americano. Varias hipótesis han tratado de adivinar el origen de ambas especies: desde que eran hermanas hasta que una es variedad de la otra. Los análisis más recientes apuntan a que ambas especies fueron domesticadas de forma independiente, pudiendo ser este un ejemplo de convergencia evolutiva en las prácticas agronómicas de nuestra especie. *E. coca* fue domesticada por los habitantes de la región amazónica, mientras que *E. novogranatense* por los de la andina.

El Imperio inca fue una de las antiguas civilizaciones más prolíficas en cuanto a producción y consumo de coca. Sus hojas eran consideradas un artículo sumamente preciado. Tanto, que era empleada como moneda, medicina y un importante elemento en distintos ritos y celebraciones de este pueblo[99, 100]. En época del Imperio inca, el cultivo de esta planta presentaba ciertas dificultades, pues son sumamente sensibles al frío y las heladas resultan letales para ellas. La altitud típica de los cultivos de coca se encuentra entre los 500 y 1500 metros, y si las condiciones son lo suficientemente clementes, pueden crecer hasta los 2000. Los incas obtenían coca principalmente por comercio con pueblos amazónicos, pero su valor era tan alto para ellos que decidieron producir la suya propia. Colonizaron la parte tropical del este y norte de Cuzco, la capital del Imperio inca, donde se reunían las condiciones necesarias para el cultivo óptimo de coca. La producción era vigilada por trabajadores específicos conocidos como *mitmaqkuna*, y estaba bajo control estatal[99].

A los trabajadores del imperio se les proveían hojas de coca para aumentar su producción, y en ocasiones su sueldo era recibido de esta forma. El método tradicional de consumo, que aún permanece en un gran número de poblaciones en Latinoamérica, se basa en masticar las hojas de coca. Los restos de las plantas se almacenaban en las mejillas, y la saliva con las moléculas psicoactivas se consumía poco a poco, liberándose su contenido a lo largo del día. Además de las propias hojas de coca, se introducía en la boca algún material basificado (con un pH superior a 7) o adyuvantes alcalinos, sustancias químicas también de naturaleza básica que potencian el efecto de la planta. Podían ser cenizas de materia vegetal quemada, procedentes de plantas comunes en su contexto como quinoa o canela, aunque también se usaban huesos de animales o conchas pulverizadas (cuyo compuesto principal es el carbonato cálcico) o bicarbonato de calcio. La combinación de hojas y adyuvantes varía según la especie de coca y la cultura que la consuma [99].

Estudios sobre los efectos de la coca en la fisiología humana han revelado que los incas no iban mal encaminados, y que realmente sí servía para aumentar el rendimiento de los trabajadores. El consumo de hojas de coca aumenta la disponibilidad de glucosa en sangre, reduciendo el apetito temporalmente y haciendo que este combustible celular esté más disponible a nuestros tejidos. También reduce la pérdida de calor y mejora el flujo sanguíneo, consecuencia de una constricción de los vasos sanguíneos y niveles más elevados de hemoglobina. Como mecanismo de refrigeración natural, nuestro cuerpo dilata los vasos sanguíneos para facilitar la dispersión del calor. Por eso nos ponemos colorados tras el ejercicio intenso. Las hojas de coca hacen que esos vasos no se dilaten y que el calor quede dentro del cuerpo. Un efecto interesante cuando vives a varios miles de metros sobre el nivel del mar. Este y otros muchos efectos son los que han llevado a ser a las hojas un conocido remedio contra el llamado «mal de altura», producido por la falta de oxígeno al pasar rápidamente a alturas más elevadas de forma brusca. Nuestro cuerpo no ha pasado por el pertinente periodo de adaptación, siendo nuestra sangre demasiado densa y poco eficiente. Náuseas, mareos o dificultad respiratoria son algunos de los síntomas más comunes. Todos ellos, evitables gracias a las hojas de esta prodigiosa planta[99].

Pero una cosa es la hoja de coca y otra la coca aislada que tanto se consume a nivel mundial. La cocaína es un alcaloide tropánico (emparentado con los encontrados en los géneros *Atropa*, *Hyoscyamus* y *Datura*), y el consumo puro de este metabolito provoca síntomas muy distintos a los observados tras el masticado de hojas completas. La cocaína aislada suele encontrarse en dos formas: clorhidrato de cocaína o cocaína en base libre. Las que en la calle se conocen como coca en polvo y crack respectivamente. Ambas tienen distintas propiedades químicas, lo que afecta a sus métodos de consumo. Por ejemplo, el crack tiene una temperatura de ebullición más baja, lo que hace posible su vaporización y consumo por vía respiratoria. En este caso, la cocaína pasa directamente al sistema respiratorio, como sucede al esnifar cocaína en polvo. Ambas rutas hacen que el metabolito llegue rápido al cerebro (tan solo en unos pocos segundos), pero tienen ciertas diferencias. El crack se absorbe más rápido y alcanza picos en sangre más elevados, mientras que la coca esnifada tarda más en entrar al cuerpo porque produce una contracción de los vasos sanguíneos. Por así decirlo, la droga se pone la zancadilla a sí misma. Por su elevada hidrosolubilidad, la coca en polvo también puede formar parte de disoluciones en agua, que pueden beberse o inyectarse. Al igual que con el opio, la vía intravenosa es la que provoca los efectos más rápidos[100].

En el sistema nervioso se comporta como un simpaticomimético, como los metabolitos de las efedras. Provoca un aumento de los niveles de dopamina fuera de la neurona, que se traduce en estado de euforia y excitación extrema. Aumenta el estado de alerta y la concentración, provoca una sensación de bienestar general y reduce la fatiga y el apetito. Ideal si quieres que la fiesta dure más y necesitar un menor tiempo de descanso para mantener el ritmo. Pero no todo lo que sube, baja. Esta misma capacidad de la cocaína para alterar el balance de dopamina es la responsable del posterior estado de depresión emocional tras el consumo. El estado de alerta puede derivar en ansiedad, insomnio y manía persecutoria. El estado de ánimo también cambia, haciendo que la persona se vuelva más irritable e impulsiva. Y eso solo a nivel de comportamiento[100].

Al igual que la hoja de coca, actúa como vasoconstrictor, con un gran y diverso número de efectos adversos. Produce un incremento en la temperatura corporal, que aumenta el riesgo de muerte en los consumidores de cocaína. El estado de excitación hace que los consumidores se comporten de forma hiperactiva, lo que deriva en un aumento del ritmo cardiaco y, como consecuencia, en una hipertermia más acentuada. Este mismo efecto vasoconstrictor aumenta el riesgo de padecer isquemias cerebrales y aneurismas, y en consumidores habituales acentúa la acumulación de colesterol en las arterias. Las sobredosis de cocaína llevan a fallos cardiacos que en la mayoría de los casos son fulminantes.

Por el contrario, la hoja de coca no contiene solo cocaína como compuesto activo, ni la dosis es tan elevada como para llevar a efectos tan perjudiciales. La absorción de cocaína es más lenta, y su acumulación en sangre es hasta 50 veces más baja que con el crack o la cocaína en polvo. La presencia de otros alcaloides también ayuda a amortiguar la toxicidad asociada a la cocaína, ya que todos ellos competirían por los mismos receptores, impidiendo que la cocaína los acapare todos[99, 100].

Censos recientes estiman que el 90 % de la coca producida en Perú es destinada a la producción de cocaína comercial, superando con creces a la que acaba siendo consumida por fines medicinales o tradicionales. Algo similar sucede en Colombia, donde el mercado negro de esta droga ha creado un complejo entramado de criminalidad que condiciona la actividad económica del país, En contraste, en Bolivia las cifras no son tan dispares. Un 45 % aproximado de toda la coca producida en el país se consume con fines tradicionales, casi equiparando a la destinada para su comercialización ilegal. La mercantilización de la coca en los diversos mercados negros del mundo supone una importante actividad económica, y uno de los mayores mercados ilegales a nivel mundial. No solo envenena nuestros cuerpos: también la economía, la cultura y la política[99].

Si la influencia de la cocaína en nuestro mundo te parece sorprendente, aún queda una droga de origen vegetal que ha sacudido más nuestro planeta en todos los niveles. Es altamente adictiva, su industria es una de las más prolíficas en todo el mundo y entre sus secuelas están condiciones tan graves como varios tipos de cáncer. Está tan delante de nuestras narices todo el tiempo que nos olvidamos siquiera del peligro que representa. Es posible que tú también la consumas. Y, si no, algún familiar, amigo o conocido. Si tienes más de 18 años puedes adquirirla libremente, aunque cada año mate a unos 8 millones de personas. Y eso que algunas de ellas ni tan solo la consumen, siendo sus muertes un daño colateral por haber sido expuestas a ella de forma indirecta[102]. Muchos dicen que consumirla es sexy, y a lo largo de la historia ha sido consumida por todos los grupos poblacionales. Niños incluso.

Las plantas del género *Nicotiana* son apreciadas mundialmente por su capacidad para producir uno de los metabolitos especializados de origen vegetal más consumidos a nivel mundial: la nicotina. Es la principal molécula psicoactiva del tabaco, y la responsable de que muchas personas en todo el mundo vivan con una perpetua adicción a los cigarros, los puros y similares. A pesar del impacto que estas plantas han tenido con nuestra especie, reconstruir la historia de la humanidad con las plantas de tabaco no está siendo tarea fácil. Las evidencias actuales apuntan a que la domesticación del género *Nicotiana* tuvo lugar hace 6000 años en la región andina, aunque algunos estudios señalan que podría haber comenzado 2000 años antes. De la domesticación de especies silvestres aparecieron las especies estrella de la industria tabaquera: *N. tabacum* y *N. rustica*. Estas nuevas especies tienen hojas más grandes y con un mayor contenido en nicotina que las encontradas en estado salvaje, haciendo que las cosechas sean más prolíficas. Se extendieron rápidamente hacia la región mesoamericana y el Caribe, llegando al sur del actual Estados Unidos hace unos 2500 o 3500 años. El norte del continente fue una región más difícil de conquistar por estas nuevas especies, pues se trataba de un área habitada por cazadores-recolectores que preferían el consumo de especies autóctonas como *N. quadrivalvis*, *N. attenuata* o *N. obtusifolia*. Para los pueblos indígenas de Norteamérica el tabaco tenía una gran importancia cultural, medicinal y religiosa que ha llegado incluso hasta nuestros días[103, 104].

La historia del tabaco se vuelve más confusa aún con la llegada de los europeos al continente americano, quienes rápidamente reconocieron el valor de la planta por sus efectos fisiológicos y la trajeron consigo a sus territorios natales, al otro lado del océano. En el siglo XVI, *N. tabacum* fue la especie de preferencia para el consumo europeo, quienes seleccionaron variedades domesticadas de esta planta frente a otras de *N. rustica* por su sabor más ligero. Pronto el tabaco sería conocido por todo el mundo, y para finales del siglo XVII la humanidad entera había sido intoxicada por sus encantos.

Cuando los colonos europeos comenzaron su expansión hacia el oeste de Norteamérica, el tabaco fue una de las principales monedas de cambio con los pueblos indígenas, quienes en ocasiones preferían las nuevas variedades domesticadas frente a las autóctonas. Varios grupos étnicos del norte de Norteamérica cultivaban su propio tabaco, usando como planta productora *N. quadrivalvis*. Sin embargo, esta práctica fue abandonada tan pronto como ganaron acceso al tabaco traído por los europeos. El tabaco diseñado para consumo era mucho más potente que cualquier variedad tradicional conocida por los indígenas de estas tierras, y sus hojas secas tenían una concentración de nicotina muy superior a las mismas. El consumo de estas nuevas plantas se extendió como la pólvora y a una velocidad de vértigo. Tanto, que el registro histórico se vuelve bastante confuso[102, 103].

Se han encontrado pipas y parafernalia asociada al consumo de tabaco en una gran variedad de registros arqueológicos, pero hacer la relación entre artilugios para fumar y tabaco no es tan fácil como podría esperarse. Más de 100 especies vegetales eran fumadas por los antiguos habitantes de Norteamérica con distintos propósitos, tanto antes como después del contacto con los europeos. Gracias a distintos estudios de espectrometría sabemos que algunos grupos étnicos, como los Nez Perce, fumaban tabaco hace unos 1300 años[103].

1

2
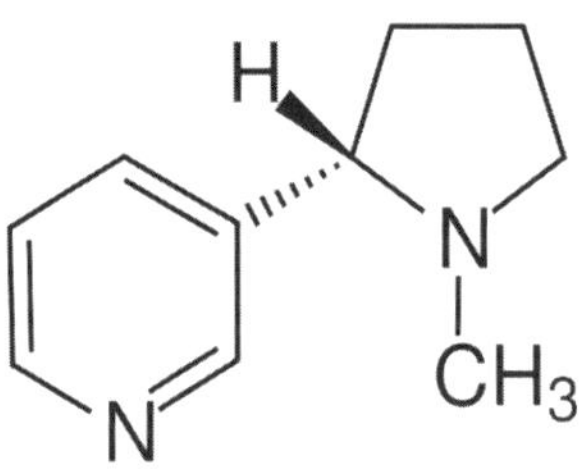

1. Ilustración botánica de *Nicotiana tabaccum*.
2. Fórmula química de la nicotina, una de las moléculas más adictivas conocidas por nuestra especie.
3. Trabajadora seleccionando hojas de tabaco secas.
4. Procesamiento de las hojas de tabaco secas en cigarros.

El tabaco, al igual que otras plantas psicoactivas que ya conoces, es una solanácea. Su metabolito más famoso es el alcaloide nicotina y, por sorprendente que pueda parecer, otras plantas como la berenjena, el tomate o el pimiento también contienen nicotina. No obstante, el contenido en nicotina de estas plantas es muy bajo, por lo que muchas veces se considera como despreciable.

Al ser consumido por vía inhalatoria, la nicotina pasa del cigarro al vapor liberado en su combustión, y de aquí a los pulmones. Los alveolos, los pequeños sacos en los que nuestra sangre libera el CO_2 y toma O_2, son muy finos y tienen una elevada irrigación sanguínea, así que la nicotina pasa a través de ellos con suma facilidad. El paso del torrente sanguíneo al cerebro, igual que en el caso del crack, el THC y el resto de drogas que se consumen por la misma vía, sucede en cuestión de segundos. El efecto de un buen cigarrillo se nota casi al instante. En las neuronas, se unen a receptores que se estimulan con facilidad ante su presencia, y por ello son conocidos como receptores nicotínicos. Estas proteínas son las encargadas de mediar la respuesta de nuestras células a la nicotina que, en resumidas cuentas, consiste en la liberación de dopamina, glutamato y otros neurotransmisores. En el resto del cuerpo, las consecuencias de este festival neuroquímico se traducen de muchas formas. La dopamina y las endorfinas liberadas tras la inhalación nos hacen sentir calmados y reducen el apetito. Los niveles de cortisol y epinefrina se elevan, al igual que el ritmo cardiaco. Nos estimula y relaja al mismo tiempo[66]. Diversos estudios han registrado que el consumo de nicotina aumenta la concentración, por no hablar del efecto que tiene como potenciador de otras drogas, como es el caso de la marihuana.

Tras el consumo de nicotina, el organismo completo trata de hacer que todo vuelva a la normalidad, creando desbalances que, en pocas palabras, no nos hacen sentir bien. Una forma de volver rápidamente a esa sensación de bienestar es volver a entrar en contacto con la nicotina. Lo que vuelve a desbalancearnos. Lo que hace que queramos más nicotina. Es así como se crea el ciclo de la adicción a este alcaloide, cuyos efectos son más notorios cuanto más expuestos hayamos estado a él[105].

Como pasa con otras drogas, el cuerpo responde a la amenaza química constante de la nicotina con un incremento de la tolerancia. Cuando el consumo de nicotina se vuelve continuado, los receptores nicotínicos dejan más espacios disponibles para que este metabolito se una a ellos, necesitando una mayor cantidad de nicotina para estimularse. Si no somos capaces de satisfacer estas necesidades internas de nicotina, los primeros síntomas de la abstinencia comienzan a aparecer. Irritabilidad, estrés, sensación de inquietud, ansiedad e incluso anhedonia, la incapacidad para sentir placer. Sabiendo que la solución rápida a tan desagradables síntomas está a un cigarro de distancia, es normal que los fumadores caigan una y otra vez en la trampa de la nicotina[105].

La nicotina es una de las sustancias más adictivas de las que se tiene constancia, y una vez se consume con cierta periodicidad, lo más probable es que esta práctica continúe para toda la vida.

Hay otros muchos componentes en el tabaco comercial que se puede encontrar en cualquier estanco, que van desde diversos productos químicos como el cianuro de hidrógeno o los óxidos de nitrógeno hasta metales pesados como cadmio o arsénico. Todos ellos, como te puedes imaginar, perjudiciales para el cuerpo en su propia forma. La lista daría para escribir su propio libro, así que nos centraremos en la nicotina, que es el metabolito vegetal que nos interesa. Los casos de cáncer asociados al consumo de tabaco no están relacionados a la nicotina, pero sin duda la adicción a esta molécula hace que una y otra vez nos expongamos a sustancias tóxicas que nos hagan más propensos al padecimiento de esta patología que cada año siega millones de vidas.

Debido a la complejidad que supone el estudio del cerebro humano, los mecanismos relacionados con la adicción aún no están del todo claros. Aún tenemos muchas dudas a la hora de esclarecer por qué somos adictos y qué papel tienen las adicciones en nuestra historia evolutiva. La evidencia es innegable y tan solo estas cuatro drogas llevan condicionando la forma en la que nos comportamos desde hace milenios, tanto a nivel de individuo como de grupo social e, incluso, como nación en ciertos casos, llegando a auténticos conflictos bélicos por hacernos con ellas.

Por muy civilizados y por encima de nuestra naturaleza que podamos creernos, en ocasiones solo somos unos pobres animales demasiado regidos por nuestros instintos. Y la poderosa química de las plantas, sin duda alguna, es una herramienta perfecta para jugar con ellos.

PARTE IV

SABORES QUE MATAN

«De lo que se come se cría».

Dicho popular español.

CAPÍTULO 12.

Platos fuertes

S.M. tenía 11 años en septiembre de 1978. Ese mismo mes empezó su siguiente curso escolar, con los nervios e ilusiones propios de los nuevos comienzos, además de esa añoranza del verano que justo acaba de terminar. De vuelta en la escuela, se reencontró con sus amigos de siempre, e incluso hizo algunos nuevos de entre los estudiantes de nuevo ingreso. Las clases se sucedieron con normalidad, y juntos disfrutaron del típico almuerzo que ofrecía la escuela. Una escena más que cotidiana para un niño del Londres de finales de los 70. Sin embargo, al segundo día sucedería algo que rompería esta monotonía.

Al llegar a casa tras la escuela en su segundo día, S.M. se sentía algo mareado. Había tenido náuseas y algunos vómitos, pero nada más de lo que preocuparse. Hasta que sus padres lo encontraron completamente inconsciente, incapaz de responder a estímulos más allá que a aquellos extremadamente dolorosos. Al llegar al hospital, los médicos comprobaron que tenía las pupilas contraídas, incapaces de reaccionar a la luz. Además, presentaba fiebre, tenía las extremidades frías y la tez pálida.

Permaneció todo el día en una especie de coma, mientras los sanitarios intentaban estabilizarle. Al segundo día de su ingreso despertó, pero al abrir la boca todos comprobaron que algo andaba mal con el niño. Hablaba excesivamente, pero nada de lo que decía tenía ningún tipo de sentido. Estaba sumamente intranquilo, y en algunos momentos parecía ser víctima de vívidas alucinaciones.

Al quinto día de ingreso, y para alivio de sus padres, recuperó el sentido. Fue en ese entonces cuando comprobó que no había sido el único en experimentar un episodio tan extraño. Otros muchos niños de su mismo colegio manifestaron anómalos episodios de alucinaciones y desorientación en sus propias casas. Había cuadros clínicos aún más extraños. Su compañero R.B. perdió la vista una hora después de que él cayera desmayado, manifestando desorientación y farfullando algarabías. G.M. no perdió la consciencia, pero padeció convulsiones, a diferencia del pobre E.B., que además de pasar por dificultades para ver, experimentó la pérdida de consciencia en varias ocasiones y una notoria rigidez en sus brazos y piernas [106].

Aunque estos son algunos de los casos más graves, lo que fuera que hiciese enfermar a S.M. afectó a un total de 78 niños de edades similares a la suya. Como mínimo, todos experimentaron dolores abdominales, vómitos y diarrea, con sangrado en algunas contadas ocasiones. Diecisiete de ellos tuvieron que ser ingresados en urgencias, y tres, entre los cuales se encontraba S.M., llegaron a necesitar cuidados intensivos al entrar en estado comatoso. Que tantos niños cayeran enfermos a la vez y todos ellos manifestasen síntomas comunes no tenía pinta de ser casualidad. Todos ellos mostraron los síntomas aproximadamente a las 20 horas posteriores a la ingesta de ese almuerzo del segundo día de curso. Las autoridades pertinentes comenzaron a trabajar en busca de una posible intoxicación alimentaria. En un principio se barajó la posibilidad de que una bacteria fuera la responsable, pero los análisis clínicos la descartaron rápidamente. Se pensó que la carne servida a los niños podría estar en mal estado, pero tampoco tendría mucho sentido teniendo en cuenta que uno de los estudiantes afectados era vegetariano. El causante de su malestar tendría que haber sido ingerido por todos. De hecho, es posible que tú también lo hayas comido hoy mismo. Y, si no, es bastante probable que tengas un saco lleno del culpable esperando en tu despensa. Se dice que es un alimento muy versátil. Sirve para platos fríos y calientes. Fritas, para acompañar una buena hamburguesa o hacer un buen puré. Y ahora, también para causar una intoxicación masiva en un comedor infantil[106]. Aunque los nombres de los afectados no han pasado a la historia por la protección de su anonimato, sí lo ha hecho su peculiar encontronazo con algunos tubérculos rebeldes. Tanto, que en la actualidad es usado como ejemplo práctico en facultades de farmacia, biología y medicina de lo largo y ancho del mundo.

No sé si alguna vez te has parado a pensar en por qué tenemos la costumbre de guardar las patatas en lugares oscuros, como despensas o armarios. En ocasiones vienen en sacos gruesos, casi opacos, que evitan el contacto de los tubérculos con la luz. Cuando son expuestas a la luz, las patatas se vuelven verdes y comienzan a producir tallos y raíces con vigorosidad, una manifestación del estrés que les genera este tipo de situaciones. Las patatas o papas son los tallos engrosados de *Solanum tuberosum*, que crecen bajo tierra. Estos órganos cumplen una importante función en la planta: actuar como un guardado de seguridad. Aunque la planta sea cortada a ras de suelo, las patatas cuentan con los tejidos necesarios como para volver a recomponer cada tallo y hoja amputadas.

Para cumplir tan importante misión, los tubérculos almacenan una gran cantidad de almidón, la molécula de reserva estrella de las plantas. Además, que sean subterráneos ayuda a mantenerlos a salvo de las amenazas de la superficie. Pero las patatas no son tan tontas como pensamos. Si resultan expuestas a la luz, asumen que han sido arrancadas de la tranquilidad de las profundidades. Algo anda claramente mal. Si están fuera, significa que algún animal las ha desenterrado para hacerse con su nutritivo almidón. Es aquí cuando la patata, aparentemente indefensa, despliega sus mecanismos de supervivencia.

Lo primero y más común es volverse verde. Las células de la piel de la patata comienzan a producir clorofila para aprovechar la luz solar a la que ahora tienen acceso. En caso de sobrevivir al ataque, la patata necesitará todos los recursos a su alcance para salir adelante. Sus reservas energéticas pueden no ser suficientes, de tal modo que ponen en marcha la maquinaria fotosintética para crear más almidón y otros azúcares.

Por otro lado, la patata se prepara para posibles ataques. La exposición a la luz no es la única cosa capaz de estimular esta respuesta en la patata. Heridas, golpes, cortes o infecciones también pueden despertarla. Con el objetivo de no acabar siendo devorada, ya sea por macro o microorganismos, llena su jugosa carne de moléculas que no solo le otorgan un sabor desagradable: también unos muy poco deseables efectos secundarios[11, 107].

En estado salvaje, las plantas de patata cuentan con un amplio surtido de metabolitos con los que hacer frente a las amenazas de patógenos y herbívoros. Para nuestra conveniencia, los humanos hemos ido seleccionado durante generaciones aquellas plantas que producen un contenido tóxico más bajo, de tal forma que podamos incluirlas en nuestra dieta sin que este vegetal represente un riesgo para nuestra salud. Es así como hemos acabado con las variedades comerciales que todos podemos adquirir en mercados y tiendas. Estas variedades presentan glicoalcaloides como metabolitos principales. Los glicoalcaloides son compuestos químicos formados por un alcaloide y por algún tipo de azúcar. De entre todos los que se encuentran en las patatas, el 95 % del contenido total corresponde a dos moléculas principales: α-solanina y α-chaconina [107]. Al igual que otros metabolitos producidos por plantas de la familia de las solanáceas que ya hemos visto en capítulos anteriores, estos glicoalcaloides poseen un efecto anticolinérgico en el sistema nervioso animal. Es por ello que presentan cuadros clínicos similares a las intoxicaciones por beleño o belladona.

Varias agencias de seguridad alimentaria a nivel mundial han establecido que las patatas no deben contener más de 20 mg de glicoalcaloides por cada 100 g de materia fresca, y todas aquellas variedades que superen estos niveles serán etiquetadas como no apropiadas para el consumo. Esto ha llevado a la cría de variedades cada vez más bajas en toxinas, aunque condiciones ambientales adversas pueden ser suficientes para disparar los niveles seguros y provocar algún que otro dolor de barriga. Para hacerte a la idea, las patatas del comedor que llevaron a S.M. a urgencias pertenecían a una variedad comercial y perfectamente apropiada para el consumo, pero su contenido alcaloide era de 33 mg/100 g por las malas condiciones de almacenaje[106].

1

2

3

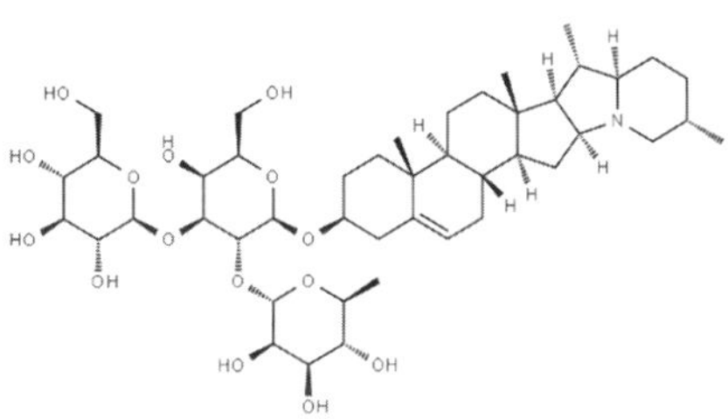

4

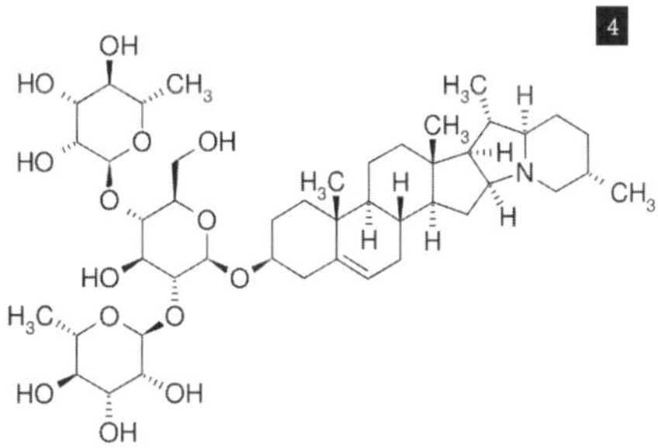

1. Ilustración botánica de *Solanum tuberosum*. Al ser expuestas a la luz o almacenadas en condiciones inapropiadas, los tubérculos de esta planta se vuelven activos y comienzan a producir tallos.

2. Tallos de *Solanum tuberosum*.

3 y 4. Como respuesta, también producen α-solanina (izquierda) y α-chaconina (derecha).

En el caso de los 78 estudiantes, algunas de las patatas que se usaron ese día para preparar el almuerzo llevaban en la despensa desde finales del curso anterior. A diferencia de las patatas recién compradas, que venían en recios sacos de tela, las causantes de este brote estaban almacenadas en una bolsa de papel que dejaba pasar ligeramente la luz.

Vale, comprendemos que las patatas estuvieran estresadas y produjeran toxinas pero, según los reportes, habían sido peladas, lavadas y cocinadas de diversas formas. ¿No fue eso suficiente como para eliminar cualquier sustancia perjudicial que pudieran contener? Pues, por increíble que pueda parecer, no, no lo fue.

La α-solanina y α-chaconina se almacenan principalmente en la piel de la patata, la primera barrera de defensa del tubérculo. Al pelarlas, la mayor parte del contenido tóxico se iría con ellas. Ahora bien, en casos como este donde las patatas llevaban produciendo y acumulando este tipo de metabolitos desde varios días (y posiblemente semanas) anteriores a su consumo, un simple pelado no es suficiente para convertirlas en un alimento seguro. Llegados a este punto, las toxinas han alcanzado los niveles más internos de la pulpa, haciendo que todo el tubérculo sea incomestible. Podríamos pensar que las altas temperaturas de los distintos procesos de cocinado romperían la estructura de los glicoalcaloides y harían que dejasen de ser activos, pero nada más lejos de la realidad.

Ambas moléculas son altamente termoestables, lo que significa que son resistentes a temperaturas elevadas. Hervirlas, asarlas o pasarlas por la sartén tiene poco o nulo efecto sobre el contenido venenoso de las patatas, así que desde la comodidad de nuestras cocinas poco podemos hacer para ganarle la batalla a las patatas rebeldes. Ser fritas a temperaturas superiores a 170º C, temperatura a la que la α-solanina y α-chaconina comienzan a descomponerse, es lo único que parece afectarles[11]. Está claro que, en este escenario, es mejor no jugársela, aceptar la derrota y comprar un nuevo saco de patatas. Esta vez, uno que no intente atentar con tu vida.

Por suerte, en el caso del comedor escolar las patatas no acabaron con la vida de ningún niño, pero existen otros casos registrados en los que la ingesta de patatas en mal estado ha acabado con sus comensales. Cuando no se lleva el suficiente cuidado con lo que se come, se masca la tragedia. En el más literal de los sentidos.

En 1925, una familia de siete personas fue intoxicada al comer patatas verdes, y dos de sus miembros acabaron muriendo a causa de esto. En el periodo entre 1952 y 1953, una hambruna llevó a los habitantes de varias regiones de Corea del Norte a consumir patatas en mal estado. En una de las áreas estudiadas, 328 personas manifestaron síntomas, de entre las cuales 52 necesitaron un ingreso hospitalario y 22 acabaron falleciendo. Los médicos concluyeron que la causa de estas muertes fue un paro cardiaco, teniendo en cuenta la dificultad que experimentaron los afectados para respirar, su elevado ritmo cardiaco y la velocidad a la que se produjeron los fallecimientos, apenas unas pocas horas tras el consumo de las patatas[106].

A pesar de ser uno de los alimentos estrella de la humanidad, la patata es originaria de las regiones que en la actualidad corresponden al sur de Perú y al noroeste de Bolivia. Evidencias arqueológicas apuntan a que comenzó a ser cultivada hace unos 5000 o 4000 años, aunque cabe la posibilidad de que este evento sucediera hace 8000 años[108]. En ese mismo periodo, no muy lejos de allí, otra planta echaría raíces en la gastronomía humana. La mandioca, guacamota o yuca también es conocida por producir tubérculos ricos en fibra y almidón. Pero sus parecidos con la patata no acaban aquí. Ambas han servido más que algún plato fuerte.

Todas las partes de la yuca, que corresponde al nombre científico de *Manihot esculenta*, son altamente tóxicas si no son tratadas como corresponde. La yuca pertenece a la familia de las euforbiáceas, lo que ya nos indica que es más que capaz de defenderse por sus propios medios. En su caso, la yuca produce un tipo de metabolitos conocidos como glicósidos cianogénicos. Como su propio nombre indica, bajo ciertas condiciones liberan cianuro. Este compuesto es letal para los organismos aeróbeos (es decir, aquellos que necesitan oxígeno), entre los que nos encontramos los animales. Los metabolitos cianogénicos predominantes en la yuca son la linamarina y la lotaustralina, siendo el primero el más abundante (la proporción entre ambas moléculas es de 93:7). Ambos son producidos a partir de aminoácidos (valina e isoleucina respectivamente), pero no poseen la estructura típica de los alcaloides, por lo que no son considerados como tal. Además, están unidos a una molécula de azúcar, actuando como un mecanismo de seguridad para que el cianuro almacenado en la molécula no se libere y cause estragos dentro de la propia planta[109]. Las plantas también son aeróbeas, de tal modo que entrar en contacto con el cianuro sería perjudicial para ellas. Para solucionar este problema, la planta almacena estas sustancias en orgánulos especializados, como vacuolas, asegurándose de que nunca salgan de ahí. O, al menos, no deberían hacerlo si todo va bien[110].

La linamarina es sintetizada en las hojas, cuyo contenido tóxico puede ser 10 veces más potente que el encontrado en las raíces. Por increíble que parezca, las hojas de yuca también son usadas como alimento en varias partes del mundo. Una vez producida en las hojas, viaja por toda la planta hasta almacenarse en los tubérculos, principalmente en las zonas más externas del mismo modo que sucedía con las patatas.

Al llegar al sistema digestivo humano, las bacterias que componen nuestra flora intestinal descomponen los glicósidos, produciendo como resultado cianuro. Y ya sabemos lo dañino que es este compuesto para nuestras mitocondrias y, en general, para todo nuestro organismo[109].

Hay muchos factores que afectan a la toxicidad de la yuca, y muchos de ellos no dependen solamente de la planta. En este caso, cuestiones de índole social, cultural y ambiental tienen gran peso. En países de continuo conflicto bélico, crisis humanitarias y condiciones climáticas adversas, la yuca se ha establecido como un cultivo esencial para la supervivencia de las poblaciones humanas aquí establecidas. Esta planta es capaz de resistir largos periodos de sequías, proliferando en ecosistemas y suelos tan extremos que ninguna otra planta de consumo sería capaz de vivir aquí. Sus compuestos cianogénicos le otorgan pesticidas y repelentes naturales, y sus tubérculos pueden consumirse varios años después de que la planta original sea sembrada. Podría decirse que se cuida prácticamente sola. Se han dado casos en los que familias enteras han tenido que ser desplazadas de su territorio por este tipo de cuestiones, y que al volver han podido prosperar gracias a las yucas sembradas en años anteriores. Eso, claro está, si han conseguido sobrevivir a este potencialmente peligroso bocado.

Esto ha convertido a la yuca en una planta de conquista, guerra, hambre y muerte. Un cultivo preparado para el mismísimo apocalipsis[109].

Parte de la responsabilidad sobre la toxicidad de la yuca recae en los propios productores. Tradicionalmente, las variedades de yuca se clasifican en dos grandes grupos: yucas dulces y yucas amargas. Las yucas dulces son aquellas que no producen gran cantidad de glicósidos cianogénicos, mientras que las amargas destacan por su contenido tóxico, que les otorga cierto sabor desagradable. En territorios inestables, muchos agricultores prefieren cultivar yuca amarga frente a la yuca dulce. Por lo general, es más resistente a las plagas y menos susceptible al robo. Por el tiempo y el esfuerzo que se necesita para procesar este alimento sin que resulte una amenaza para la salud, se convierte en un botín poco apetecible.

Hay que tener en cuenta que, por muy dulce que sea la yuca, si es constantemente sometida a estreses ambientales acumulará glicósidos cianogénicos como método de defensa. Malas condiciones del clima o descuidos en el cultivo pueden acentuar el lado tóxico de este cultivo[109].

No tener una dieta balanceada es otro factor que aumenta el riesgo de toxicidad en la yuca. Nuestro propio cuerpo tiene mecanismos para detoxificar el cianuro, usando para ello aminoácidos sulfurados, como cisteína o metionina. Pero sin una fuente apropiada de proteínas, la cantidad de estos aminoácidos en el cuerpo es insuficiente para amortiguar el ataque químico de la yuca. Situación que, por desgracia, se da en muchos lugares del mundo donde esta planta supone la base de la alimentación.

Aunque pueda parecer extraño eso de incorporar en tu dieta algo que te puede matar en el momento o causar graves consecuencias, la yuca es uno de los vegetales más consumidos a nivel mundial. Ocupa el sexto lugar como cultivo más producido a en todo el mundo justo detrás de la patata, y la tercera fuente de calorías más importante en los trópicos. El mayor consumo per cápita de este alimento se da en la África subsahariana, donde la persona promedio ingiere unos 800 g de yuca al día y supone la principal fuente de energía para el 40 % de la población de esta región[109].

De entre todos los factores que tienen influencia en la toxicidad de la yuca, uno de los más importantes recae en el método de preparación. A pesar de que muchos de ellos se remonten siglos e incluso milenios en el conocimiento tradicional de nuestra especie, son refinados protocolos que poco tienen que envidiar a los experimentos llevados a cabo en nuestros laboratorios modernos. Dichos procesos pueden usar varias técnicas a la vez, y durar semanas o meses. Del mismo modo que con las patatas, el método más común es pelar los tubérculos, eliminando así la zona de mayor acumulación de compuestos tóxicos. Una vez pelada, la yuca es cortada en pedazos o rallada, para después ser secada al sol o fermentada. Los procesos de fermentación pueden resultar especialmente útiles. Mientras que algunas técnicas solo son capaces de eliminar el 45 % del contenido total de compuestos cianogénicos, otros pueden eliminar cantidades tan elevadas como el 95 %. Como contraparte, muchos de los compuestos beneficiosos de la yuca tales como la provitamina A (β-caroteno), la vitamina C o varios tipos de vitamina B se pierden en estos procesos.

Una técnica que también es eficaz a la hora de convertir la yuca en un alimento seguro se basa en la fabricación de harinas. Al moler el tejido del tubérculo, previamente secado, los glucósidos cianogénicos salen de sus vacuolas y entran en contacto con el resto de tejidos del tubérculo. En estos tejidos residen las enzimas que rompen los metabolitos y liberan el cianuro, algo que resultaría letal para la planta si aún siguiera en vida. Este método es capaz de eliminar casi el 100 % de los tóxicos de la yuca, pero cuenta con un riesgo añadido. El cianuro puede liberarse junto a la harina en forma de polvo, siendo así inhalada de forma accidental. Esta es una de las formas de contraer, de forma discreta y sin levantar muchas sospechas, un notorio cuadro de intoxicación[109].

La yuca no solo es llamativa por provocar casos de intoxicaciones agudas, sino también crónicas. Es aquí donde reside parte de su peligrosidad. Las intoxicaciones agudas son aquellas causadas por un encuentro puntual con un agente tóxico. En el caso de esta planta, los síntomas más comunes son diarrea, vómitos, mareo, fatiga y dolores de cabeza. En casos más graves, el cianuro provoca depresión del sistema nervioso central y el coma, que más tarde puede convertirse en muerte. Los síntomas se manifiestan tan solo unas horas después de la ingesta. Por otra parte, las intoxicaciones crónicas se dan por un consumo repetido en el tiempo de la sustancia tóxica.

Cuando sucede una intoxicación tras la ingesta de yuca, especialmente si el resto de la dieta no es lo suficientemente rica, aparecen en los consumidores cuadros clínicos un tanto llamativos. Uno de los más estudiados es el conocido como konzo. Se trata de una paraparesia espástica, es decir, debilidad en las piernas que dificulta desempeñar tareas cotidianas. El konzo es provocado por un daño en las neuronas superiores encargadas de coordinar el movimiento de las piernas, consecuencias de la ingesta continua de cianuro. Algo curioso es que el konzo aparece en un periodo de tiempo relativamente corto, de entre un par de meses a unas cuantas semanas. Cuanto más pobre sea la dieta, más rápido se manifiesta. Factores como el embarazo o la lactancia aumentan la probabilidad de padecerlo, aunque también se da notoriamente en niños y adolescentes en fases de pronunciadas del desarrollo. Por desgracia, una vez aparece, no hay vuelta atrás. El daño en las neuronas es irreparable, condenando a la persona a vivir el resto de su vida bajo los efectos de esta enfermedad[111].

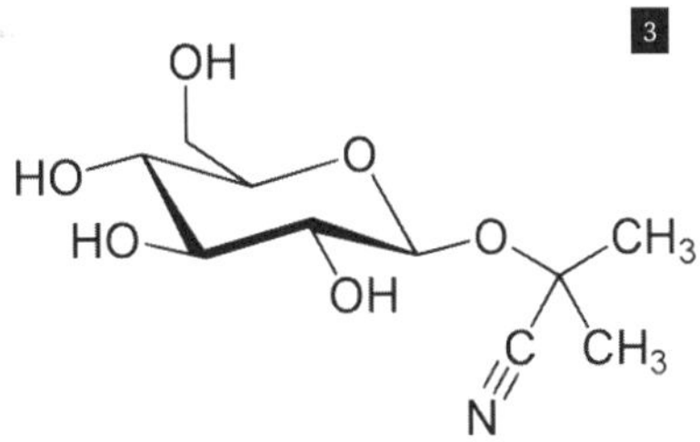

1. Hoja de *Manihot esculenta*.
2. Fotografía de la parte subterránea de *M. esculenta*, popularmente conocida como yuca. Toda la planta es consumida, y las hojas han sido usadas como abortivo de forma tradicional.
3. Estructura química de la linamarina, el principal tóxico de esta planta.

Algo que llama mucho la atención es que este tipo de intoxicaciones son prácticamente inexistentes en las regiones donde la yuca es autóctona[111]. Tanto los pueblos indígenas amazónicos como los actuales habitantes de Latinoamérica cuentan con una amplia tradición en el procesado de estas plantas, además de que las condiciones ambientales son más clementes en estas regiones. Para solventar los posibles problemas que puede ocasionar la yuca, la tecnología humana respondió creando una gran herramienta: el tipití.

El tipití es un invento nacido en el mismo Amazonas, fruto de la necesidad de querer consumir yuca sin sufrir los efectos secundarios negativos. Conocido también como sebucán, se trata de una especie de colador alargado confeccionado con hojas de palma o fibras de bejucos. En este colador se añaden tiras de yuca rallada, agua y después se prensa. Gracias a este método se puede llegar a extraer entre el 97 y el 99 % de los compuestos cianogénicos. Si esto lo sumamos a la dieta generalmente más ricas de los pueblos de la Amazonia, de esta forma se consiguen eliminar los efectos perjudiciales del consumo prolongado de yuca. Podría pensarse que la solución sería tan sencilla como enseñar a las regiones que dependen de la yuca a usar métodos como este, pero no siempre es tan sencillo. El tipití necesita una gran cantidad de agua para eliminar eficazmente los restos tóxicos de la yuca, y mientras que este recurso es abundante en las selvas, escasea en las regiones secas del continente africano[109].

El caso de la yuca ilustra muy bien hasta qué punto una planta venenosa es capaz de condicionar la cultura, tecnología y vida de nuestra especie, además de dejar de manifiesto los problemas que sufrimos los humanos al vernos envueltos en ambientes que nos descontextualizan tanto cultural como biológicamente.

La yuca es tan solo una de las 2650 especies vegetales capaces de producir cianuro, y está lejos de ser la única que se consuma[112]. Es posible que, como elemento normal de tu dieta, haya frutas como las cerezas, las manzanas, los melocotones, las peras o las ciruelas. Lo creas o no, todas estas plantas están estrechamente emparentadas, pues pertenecen a la familia de las rosáceas (*Rosaceae*). Sí, la misma en la que están las rosas. Todas las plantas de esta familia producen un compuesto cianogénico conocido como amigdalina, también un glucósido que al descomponerse da lugar a cianuro. En el caso de las rosáceas, almacenan este tóxico compuesto en sus frutos, pero no precisamente en la parte que solemos ingerir. Los frutos actúan como un mecanismo de dispersión de las semillas. En el caso de estas plantas, sus frutos son zoocóricos, lo que significa que son dispersados por animales. El animal ingiere las partes carnosas y, o bien desplaza las semillas de forma accidental, o bien las ingiere también. En la mayoría de ocasiones estas semillas no son masticadas, saliendo del tubo digestivo tal cual entraron junto con abono fresco. Al no sufrir heridas mecánicas, la amigdalina del interior de las semillas no entra en contacto con las enzimas del cuerpo animal, por lo que el cianuro nunca aparece y nadie sale herido. Las concentraciones de amigdalina tampoco son muy elevadas, y necesitarías masticar cientos de estas semillas para notar algún efecto. No obstante, en algunas especies la dosis letal es mucho menor.

Es posible que alguna vez hayas oído que el cianuro tiene un ligero olor a almendras. Yo mismo era escéptico con esto, hasta que realicé mi primera extracción de amigdalina con semillas de manzana y pude comprobarlo en primera mano. O nariz, mejor dicho. Las almendras también son pertenecientes a la familia de las rosáceas, y son la semilla *Prunus dulcis*. Las variedades más conocidas son *P. dulcis var. dulcis* y *P. dulcis var. amara*, la almendra dulce y la almendra amarga respectivamente. Sí, como puedes ver, el patrón se repite[113].

Las almendras amargas pueden contener hasta 1 mg de cianuro por semilla, y aunque el valor pueda no parecer alarmantemente elevado, es significativo si lo comparamos con el resto de sus parientes. En el adulto promedio, la ingesta de entre 50 a 60 almendras amargas sería suficiente para causarle la muerte. Una cifra que aún puede parecer elevada, pero cuando hablamos de los miembros más pequeños de nuestra especie, la cosa cambia[113]. En el año 2013, un niño de 5 años de la ciudad marroquí de Marrakesh llegó al hospital presentando mareos, somnolencia, confusión y vómitos. Poco después comenzaron las convulsiones, y después, el coma. Cinco horas antes de que los síntomas aparecieran, el niño había ingerido 10 almendras amargas[114]. En el 2010, una niña de la región francesa de Languedoc de tan solo 2 años y medio experimentó síntomas similares tras la ingesta de 5 almendras amargas[115]. Por suerte, en ambos casos los pacientes se recuperaron con normalidad a las pocas horas, pero sin la atención médica necesaria, las consecuencias podrían haber sido nefastas.

Controlar los niveles de amigdalina en las almendras es una cuestión importante no tanto en el consumo directo, sino en el indirecto. Es fácil escupir una almendra si es demasiado amarga, pero no tanto saber si tu turrón o mazapán podría arruinarte la cena de Navidad por un error en la cadena de fabricación. Las harinas, bebidas y dulces basados en esta semilla podrían contener elevadas dosis de amigdalina si se eligiera como materia prima una variedad inadecuada. Incluso las conocidas como almendras dulces pueden ocasionalmente producir niveles de amigdalina que equiparan a aquellos encontrados en las almendras amargas[113]. Es por ello por lo que los procesos industriales que involucran almendras cuentan con rigurosos controles de calidad para controlar que los niveles de esta molécula no sobrepasen los límites seguros. Pero eso difícilmente te salve de que, de vez en cuando, una almendra te amargue el día.

1

2

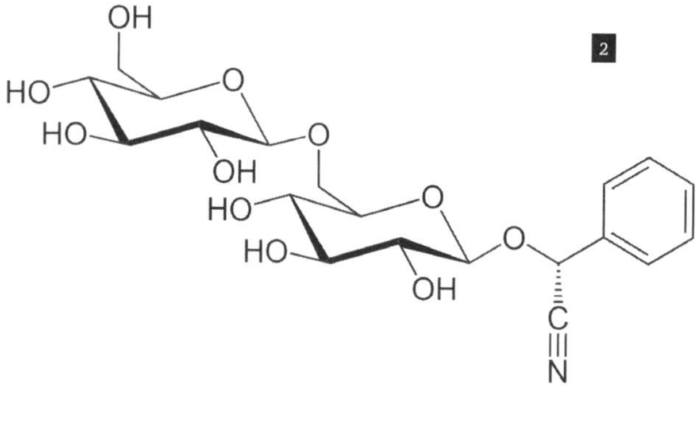

1. Ilustración botánica de *Prunus dulcis*, cuyas semillas contienen la amigdalina, responsable de su posible toxicidad.

2. Estructura química de la amigdalina.

CAPÍTULO 13.

Lo que le pasó a Guam

Mucho antes de que las rosáceas protegieran a su descendencia con cianuro, otras plantas descubrieron la efectividad de esta estrategia. Ejemplo de ello son las cícadas, unos de los grupos vegetales más antiguos de los que se tiene registro. A pesar de su aspecto de palmera, son mucho más antiguas que ellas. De hecho, están bastante alejadas desde el punto de vista evolutivo. Las palmeras (al igual que la yuca o los almendros) son angiospermas, plantas con flores, un grupo más reciente en la historia de la vida terrestre. Por el contrario, las cícadas, al igual que las efedras, los tejos o los pinos, son gimnospermas, muy anteriores a las flores o los frutos. Las cícadas llevan rondando nuestro planeta unos 300 millones de años, desde su temprana aparición en el periodo Pérmico. Es decir, son más antiguas incluso que los dinosaurios. Se trata de uno de los grupos de plantas con semillas más arcaicos, y su existencia en tiempos modernos ha sido útil para comprender cómo fueron estas plantas en un origen. Estos fósiles vivientes siguen manteniendo su dominancia en regiones tropicales y subtropicales de todas partes del mundo, aunque las voces expertas advierten de la más que evidente decadencia de esta gloriosa dinastía vegetal. Un declive que ha sido provocado por un cúmulo de factores, siendo algunos de los principales el cambio climático, la destrucción de hábitats y la extracción furtiva.

Uno de los ecosistemas en los que estas plantas aún gozan de notorio protagonismo son los encontrados en el archipiélago de las Islas Marianas. Situadas en el Pacífico Oriental, cuentan con un clima tropical perfecto para la proliferación de las cícadas. Estas plantas tienen importantes funciones en los bosques del archipiélago. Establecen relaciones con bacterias y algas que ayudan a incorporar nutrientes al suelo, sobre ellas crecen especies de plantas que encuentran cobijo en sus troncos y varias especies animales se alimentan de sus nutritivas semillas. Entre ellas destacan los murciélagos frugívoros y los humanos.

La isla mayor del territorio es Guam, cuya población indígena es el pueblo chamorro. Uno de los rasgos más llamativos de este grupo humano es la presencia de una enfermedad que, hasta hace no mucho, era desconocida. Además de la alta incidencia de daltonismo, era común entre los chamorros padecer una afección conocida localmente como *lytico-bodig* (LB). El nombre es un vestigio del pasado colonial de la isla. Tras pertenecer a la corona española durante más de 300 años, los chamorros adoptaron parte del castellano como lengua propia. De hecho, «lytico» procede del término castellano «paralítico», usado para referirse a personas con partes del cuerpo inmovilizadas. Pero este no es el único rasgo propio de la LB. La enfermedad abarcaba un amplio rango de síntomas: debilidad y atrofia muscular, temblores similares a los encontrados en el Parkinson, pérdida parcial o total del sentido del olfato y demencia son los principales. Debido a su similitud con otras enfermedades, el LB también es conocido como complejo de parkinsonismo-demencia-esclerosis lateral amiotrófica, o simplemente enfermedad de Guam. Esta condición se manifiesta entre la quinta y sexta década de vida humana, y desde su aparición hasta la muerte del paciente suelen transcurrir unos cinco años. Antes de tan aciago final, la persona afectada experimenta una notoria decadencia de su calidad de vida, perdiendo progresivamente capacidades motoras y mentales hasta que alcanza un estado vegetativo. Al tratarse de una enfermedad neurodegenerativa no hay tratamiento conocido, por lo que una vez aparece, poco puede hacerse al respecto[116].

Ante una enfermedad tan letal como misteriosa, diversas hipótesis aparecieron para intentar esclarecer el asunto de su origen. Porque lo cierto es que ni siquiera en la actualidad se sabe con total seguridad por qué los habitantes de Guam padecen LB. En un inicio se propuso que la respuesta a esta incógnita estaría en la genética de la isla. Es posible que los ancestros de los chamorros procedieran de una población mayor y genéticamente muy diversa, pero que tan solo un pequeño grupo con menor variabilidad en sus genes consiguiera llegar a la actual Guam. Este fenómeno es conocido como cuello de botella, y tras varias generaciones, es común que aparezcan anomalías como sería la LB. Pero los resultados de varios análisis moleculares no apuntan a que el problema esté en la genética de los isleños[117].

Se observó que, en periodos de hambruna, como los que se dan tras desastres naturales, los casos de LB aumentan considerablemente. Al fin y al cabo, las desgracias rara vez vienen solas. Una de estas crecidas en la incidencia de LB se dio en las décadas de 1940 y 1950, durante y tras la Segunda Guerra Mundial. Durante este periodo los casos de esclerosis lateral amiotrófica (ELA) y complejo de demencia parkinsoniana (CDP) se dispararon en Guam, siendo entre un 50 y un 100 % más comunes en la isla que en otras regiones del mundo.

Algunos investigadores señalaron que en estas épocas de escasez los chamorros recurrían a las cícadas en busca de alimento. Recogían las semillas de *Cycas micronesica*, y con ellas producían harina rica en almidón, con la que posteriormente se elaborarían tortillas y otros productos. Las semillas también se consumían recién recogidas de la planta, completamente crudas.

Resulta que las cícadas contienen tres grupos principales de toxinas. El primero son los azoxiglicósidos, un grupo de moléculas compuestas por azúcares y aminoácidos. Los principales azoxigliósidos de estas plantas son la cicasina y la neocicasina. Al ser metabolizados, estos compuestos producen cianuro y metilazoximetanol (MAM). El MAM es un compuesto tóxico bastante peculiar. Es capaz de interactuar con el ADN y el ARN, causando errores en la maquinaria molecular y llevando a mutaciones en aquellos incautos que lo ingieran. Mutaciones que pueden causar cáncer en organismos ya desarrollados o episodios de teratogénesis (malformaciones embrionarias) en fetos. Además, el MAM también actúa como neurotóxico y hepatotóxico. El segundo compuesto de importancia tóxica es el β-metilamino-L-alanina (BMAA), un aminoácido peculiar por una razón: no forma parte de las proteínas de ningún organismo, su única función es defensiva. En concreto, el BMAA ataca directamente al sistema nervioso. Esta toxina ni siquiera es producida por la propia planta, ya que procede de las cianobacterias que viven en sus raíces a modo de simbiosis. El BMAA se expande después al resto de la planta, estando presente en corteza, hojas y órganos reproductivos de las cícadas[118]. El tercer compuesto es hasta la fecha desconocido. Solo sabemos de él que es una molécula muy pesada y que, al igual que sus compañeras, parece ser neurotóxico[119].

A diferencia de otras plantas neurotóxicas que hemos visto en páginas pasadas, las cícadas afectan al sistema nervioso a largo plazo, aunque dosis elevadas pueden llevar a intoxicaciones agudas manifestadas con debilidad general o pérdida de control sobre los movimientos musculares. Un consumo prolongado de estas plantas causa enfermedades neurodegenerativas en el ganado y, como puedes imaginar, se cree que son unas de las posibles causas de la enfermedad de Guam. Por si no fuera suficiente, se conoce que la ingesta de semillas del género *Cycas* conlleva graves daños en el hígado, llevando a síntomas clínicos como la cirrosis hepática o la ictericia[119].

Para desgracia de la comunidad científica, experimentos que han tratado de recrear la enfermedad de Guam en modelos animales no han tenido gran éxito. Los niveles de cianuro producidos por la cicasina y la neocacisina no parecen ser lo suficientemente elevados como para causar cuadros clínicos en humanos [119] y en torno a un 80 % del BMAA parece ser eliminado en el procesado de las semillas[117]. Por su perfil bioquímico, el BMAA podría estar detrás de la enfermedad de Guam, pero deberían ingerirse cantidades ingentes de este tóxico con tal de que tenga alguna repercusión en el cuerpo humano. ¿Es tal cosa a posible?

Resulta que además de estas semillas, una parte importante de la dieta chamorra eran los grandes murciélagos que habitaban la isla. Especies como el zorro volador de Guam (*Pteropus tokudae*), extinto por su preciada carne, o el amenazado zorro volador de las Marianas (*Pteropus mariannus mariannus*), eran considerados auténticos manjares para los habitantes de esta peculiar isla. En ciertas celebraciones, estos animales eran hervidos en leche de coco y después consumidos en su totalidad. Los murciélagos fueron una vez tan abundantes que su carne era usada para alimentar al ganado, aunque en la actualidad sus poblaciones se encuentran en declive[120].

Las cícadas, más concretamente sus semillas, suponen un nutritivo alimento para estos animales, quienes no parecen verse afectados por las toxinas que contienen. No obstante, los metabolitos venenosos se almacenan en los tejidos de los murciélagos, alcanzando concentraciones mucho más elevadas a aquellas encontradas en la planta de origen. Algunos de los tejidos procedentes de los murciélagos analizados contenían cerca de 3500 µg/g, superando por mucho los 9 µg/g encontrados en la parte comestible de las semillas de las que se alimentan[117]. Y la cifra podría ser mucho mayor, ya que los murciélagos analizados llevaban en algunos casos casi 50 años muertos, por lo que parte de las toxinas han podido perderse como consecuencia del paso del tiempo. Consumir uno de estos animales sería el equivalente a comerse de golpe varios kilos de harina de *Cycas*, por no hablar de la carne procedente del ganado criado a base de murciélagos.

2

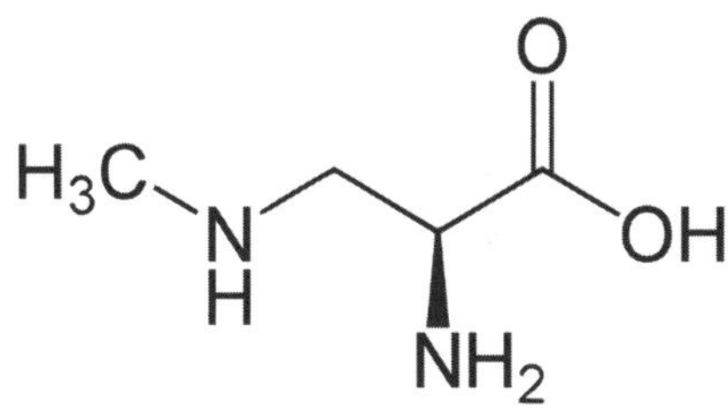

1

3

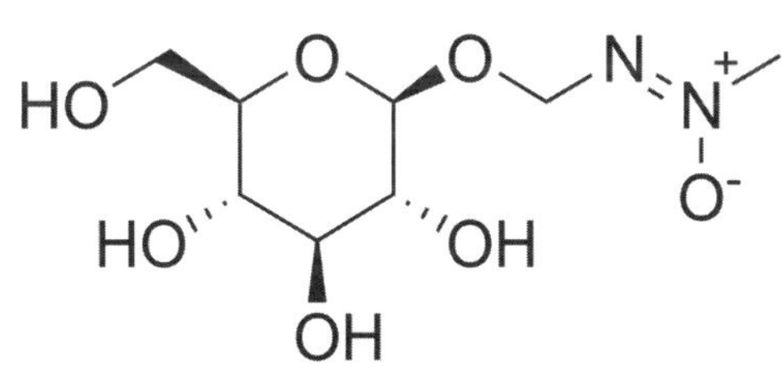

1. Ilustración botánica de *Cycas revoluta*, donde se aprecia la planta y a su derecha el estróbilo femenino, órgano productor de las semillas empleadas como alimento.

2. Aquí se puede apreciar el BMAA .

3. La cicasina, algunas de las moléculas responsables de su toxicidad.

Este es un claro ejemplo de bioacumulación, un fenómeno en el cual una sustancia (normalmente venenosa) se acumula a medida que pasa a niveles superiores de la cadena trófica[118]. De las cianobacterias que lo producen hasta las plantas en las que habitan, pasando por los dispersores de semillas y los depredadores de estos. Es así como llega a los depredadores ápices de este ecosistema, los humanos, donde se ha registrado la presencia de

BMAA en varios tejidos cerebrales procedentes de pacientes que murieron a causa de LB y otras afecciones similares[118].

En otros terrenos bañados por el Pacífico, las cícadas también han protagonizado eventos de intoxicaciones alimentarias. En las islas japonesas Ryūkyū, además de en la península de Honshu, abunda la cícada más popular en la actualidad: *C. revoluta*.

Apreciada por su alto valor en jardinería y paisajismo, sirvió también como comida de supervivencia. En tiempos de escasez, la hambrienta población buscaba fuentes alternativas de alimento, y entre ellas se encontraban las semillas de *sotetsu* (el nombre popular de la *C. revoluta* en esta región). Eran usadas para confeccionar una gran variedad de alimentos, siendo el más consumido la *nari miso*, una sopa de miso en la que las semillas de cícadas actuaban como sustitutivo del arroz[121]. Estas plantas formaban parte de la dieta de varias poblaciones japonesas, que contaban con los conocimientos y recursos suficientes como para eliminar la parte tóxica de las semillas y consumir sus productos sin ningún tipo de problema. Tanto *C. revoluta* como *C. taitungensis*, las más consumidas en Japón, son plantas capaces de proliferar en suelos salinos, pobres en nutrientes o sometidos a los constantes azotes de los tifones y temporales que azotan al archipiélago nipón, suponiendo así un alimento de supervivencia para los habitantes de esta región. Ahora bien, cuando comenzaron a ser introducidas como alimento en zonas donde esta práctica alimentaria no era tan común, los problemas no tardaron en aparecer[121].

A pesar de portar una menor cantidad de sustancias tóxicas que su pariente de Guam, estas tierras se convirtieron en un epicentro de la intoxicación por cícadas en la primera mitad del siglo XX. Durante esta época, Japón atravesaba las consecuencias de varias catástrofes, como la guerra ruso-nipona, la Gran Depresión, el gran terremoto de Kanto o la Segunda Guerra Mundial. Los efectos adversos de tan convulso periodo de la historia japonesa no solo se manifestaron en su economía o política. Los cuerpos de sus ciudadanos mostraron los peores síntomas. Según los registros, los cuadros clínicos más frecuentes se caracterizaban por la presencia de cefaleas (asociadas al potencial neurotóxico de estas plantas), dolores abdominales, vómitos e incluso la muerte. Este periodo fue llamado posteriormente por los nipones como *sotetsu jigoku* o «el infierno de las *Cycas*». Este fue uno de los principales motivos por el cual los habitantes de las islas Ryūkyū fueron considerados como «un pueblo extraño, provincianos incultos y pobres de recursos». Las *Cycas* se convirtieron entonces en un símbolo de pobreza y bajo estatus social, y su consumo percibido como un estigma para los japoneses de otras regiones del país[117, 121].

En la actualidad, las cícadas siguen formando parte de la gastronomía de estas regiones, aunque los modernos métodos de procesado hacen que su consumo sea seguro. En el particular caso de Guam, se estima que a medida que los chamorros reduzcan el consumo de murciélagos también lo hará la incidencia de cuadros clínicos de LB. Actualmente, tanto *C. micronesica* como los distintos murciélagos que se alimentan de ella están protegidos por varios estatus de conservación, y cuentan con programas de recuperación enfocados en devolver sus poblaciones a lo que una vez fueron. Estos recursos dejarán de estar tan disponibles, disminuyendo así el nivel de exposición de los chamorros a posibles sustancias contaminantes. Como consecuencia de la globalización, las nuevas generaciones de los habitantes de Guam han optado por estilos de vida más occidentalizados, alejándose tanto de sus tradiciones como de las toxinas de su ecosistema natal[122]. Si realmente la LB nace de la dieta de esta etnia, en pocas generaciones será historia.

Un amargo capítulo en nuestra historia humana, pero apenas unas cuantas palabras en la trepidante y larga aventura de las *Cycas*.

CAPÍTULO 14.

En todos lados se cuecen habas

Hay un grupo de plantas que son familiares para todos y cada uno de los miembros de nuestra especie y que, por absurdo que pueda parecer, también figuran dentro de ese paradójico grupo de plantas venenosas comestibles.

Se encuentran distribuidas por todo el mundo, tanto por su propio rango natural como por la mano humana. Cumplen importantes funciones en el ecosistema, resultando de vital importancia para otras especies de plantas y animales. Los humanos no somos un caso extraño. Gracias a ellas nuestra especie pasó de ser de hábitos nómadas a sedentarios. Fueron ellas las que nos hicieron cambiar las flechas y lanzas por hoces y rastrillos. Quienes nos han permitido crecer nuestra propia comida en lugar de encomendarnos a la suerte para encontrarla. Estas plantas hicieron posible la expansión poblacional humana al asegurar una fuente de alimento estable, suponen uno de los cultivos más consumidos a nivel mundial y se las considera alimentos del futuro. Al fin y al cabo, ¿qué sería de la humanidad sin las legumbres?

Legumbre es el nombre común que reciben las semillas de las especies comestibles dentro de la familia de las leguminosas (*Fabaceae*). Constituida por 765 géneros y unas 19 500 especies en total, se trata de una de las familias botánicas más numerosas de la Tierra, y la segunda en términos de relevancia agronómica tras los cereales (*Poaceae*). En el año 2020 se produjeron unos 89,82 millones de toneladas de legumbres a nivel mundial, alcanzando así el podio de los vegetales más producidos y consumidos[123]. Los seres humanos comenzamos a cultivar plantas en el conocido como Creciente Fértil, una región que abarca desde el valle del Nilo hasta el desierto de la actual Siria pasando por el Mediterráneo, hace unos 12 000 años. No es de extrañar que en esta región se plantase la semilla de nuestro modo de vida actual. Sus condiciones ambientales, sumadas a sus fértiles suelos y al amplio catálogo de plantas susceptibles a ser domesticadas, lo convierten en el lugar indicado para resultar la cuna de la agricultura.

En nuestros tiempos, los seres humanos hemos conseguido domesticar un gran número de especies vegetales a lo largo de taxones muy diferentes entre sí. Pero en nuestros orígenes las opciones eran algo más limitadas. Se considera que el punto de partida de toda actividad agrícola humana puede reducirse a ocho cultivos fundadores: el farro, la cebada, el lino, la escanda menor, el yero, las lentejas, los guisantes y los garbanzos. Como puedes apreciar, la mitad de este pionero equipo de vegetales pertenecen al grupo de las legumbres[123]. Las legumbres han sido domesticadas por un gran y diverso número de grupos humanos. La soja (*Glycine max*) apareció como cultivo en el territorio perteneciente a la actual China; el frijol (*Phaesolus vulgaris*) en Mesoamérica y la región Andina; la alubia ojo de perdiz (*Vigna unguiculata*), en África... Pero, ¿qué tienen estas plantas que las ha llevado a ser uno de los pilares fundamentales de la alimentación humana?

Lo cierto es que las legumbres son un alimento muy completo. Suponen una buena fuente de fibra, vitaminas y minerales, por no hablar de su elevado contenido proteico. A diferencia de otras plantas, que mantienen un perfil bajo en cuanto a proteínas respecta, las legumbres destacan en este campo, no solo por cantidad, sino también por calidad. Contienen lisina, uno de los preciadísimos aminoácidos esenciales que los animales no producimos, pero que necesitamos. En tiempos pretéritos, la única forma de adquirir estos aminoácidos era a través de la ingesta de carne. Pero con la aparición de los cultivos, la historia cambió.

Una de las principales y más cotidianas evidencias del elevado impacto que las legumbres han tenido sobre las distintas culturas humanas es su notoria presencia en las diversas gastronomías del mundo. El cocido español, el pabellón criollo venezolano, el nattō japonés, las baked beans inglesas, el huángdòuyá chino, el hummus egipcio, las ñabe senegalesas,... Ya se sabe, en todos lados se cuecen habas. Estas recetas son muy distintas entre sí, pero si te das cuenta, comparten un elemento común: las legumbres casi nunca se consumen crudas. Puede parecer algo obvio, pero lo cierto es que muchos de los vegetales que forman parte de nuestra dieta pueden ser ingeridos tanto al pasar por la sartén como recién recogidos por la planta. ¿Por qué necesitan las legumbres este tratamiento especial?[123].

De primeras, las legumbres son semillas duras, y masticarlas sin antes cocinarlas puede ser bastante incómodo. Pero no, ese no es el motivo principal por el que los seres humanos llevamos remojando, hirviendo, germinando, fermentando y salteando lentejas, garbanzos y similares desde los albores de la agricultura. Y si están en este libro, ya puedes hacerte a la idea de la verdadera razón.

Efectivamente, estas grandes aliadas de la humanidad también son venenosas. En el caso de las legumbres, son productoras de varias moléculas que pueden provocar daños en el organismo animal. Cada una tiene una forma distinta de jugar con nuestro sistema digestivo para hacernos pasar un rato para nada agradable [124].

Las lectinas son de mis favoritas. Son proteínas capaces de reconocer azúcares y de unirse a ellos, con un nivel de especificidad pasmoso. Tanto, que se usan en investigación como herramienta molecular de precisión. Pero de eso ya hablaremos más adelante. Las plantas no son los únicos organismos productores de lectinas. En bacterias, por ejemplo, son moléculas de suma importancia a la hora de infectar a un huésped, y nuestro propio cuerpo produce lectinas para defendernos de este tipo de patógenos[125].

Una de las lectinas vegetales más conocidas son las fitohemaglutininas (FHG). Han sido detectadas en un gran número de legumbres, incluso en algunas tan comunes y corrientes como la soja, las lentejas o las alubias pintas. Con estas últimas se realizaron experimentos pioneros que dejaron de manifiesto su toxicidad. Para ello se usaron ratas como sujetos experimentales, a las que se alimentó con alubias crudas, cocinadas y con un pienso al que se le añadió la FHG de esta legumbre. Las ratas que ingirieron las legumbres cocinadas no mostraron síntoma alguno, pero sus compañeras no corrieron tanta suerte. Aquellas que fueron alimentadas con judías crudas murieron a la semana, mientras que el grupo con el pienso aderezado con FHG lo hizo una semana después. Y eso que la toxina solo se encontraba en una concentración del 0,05 %. A dosis más altas, las muertes se sucedieron a una mayor velocidad, dejando en evidencia la tóxica naturaleza de este compuesto[126].

En seres humanos, los síntomas se manifiestan entre 1 y 3 horas tras la ingesta de alubias crudas. Dolor abdominal, vómitos y diarrea son los más comunes. La recuperación es rápida por lo general (el episodio suele durar entre 4 y 5 horas en total) y muchos de los pacientes no necesitan atención médica, aunque un gran número acude a su médico al confundir este episodio con alguna infección bacteriana del tracto intestinal[126]. Normalmente ni siquiera reparan en que han sido unas aparentemente inofensivas legumbres quienes les han condenado a pasar una tarde entera en el baño, porque ¿quién iba a pensar que este nutritivo alimento fuera capaz de algo así?

Las FHG son capaces de provocar una aglomeración de los glóbulos rojos en la sangre, de ahí su nombre. También pueden alterar el transporte de nuestras membranas celulares, es decir, cambiar qué puede pasar por ellas y qué no. Y lo mismo sucede con las proteínas, cuya permeabilidad se ve perturbada por estos metabolitos. Otros experimentos con roedores demostraron que dietas suplementadas con FHG provocan en las ratas pérdidas de peso notorias y mala absorción de ciertos nutrientes. Entre ellos, algunos tan importantes como la cobalamina (vitamina B12), nitrógeno y lípidos[127].

Más allá de las lectinas, las legumbres cuentan con metabolitos capaces de inhibir el funcionamiento de enzimas que juegan un papel muy importante en la digestión. Tal es el caso de los inhibidores de tripsina, moléculas que bloquean la acción de esta enzima pancreática responsable de la digestión de las proteínas. Al ser moléculas tan complejas, las proteínas han de ser reducidas a partes más simples para que las células intestinales puedan absorberlas. De lo contrario, como sucede ante la presencia de estos inhibidores, las proteínas permanecen demasiado grandes como para ser digeridas por el cuerpo, lo que lleva a su indigestión. Las proteínas no pueden ser aprovechadas de ninguna manera por el cuerpo, por lo que acaban siendo descartadas. Un importantísimo recurso nutricional, desperdiciado por completo[127].

Esto es lo que ha llevado a ambos metabolitos a ser considerados como antinutrientes, ya que en casos extremos pueden llegar a causar severas deficiencias nutricionales. Entonces, ¿cómo puede ser que nos pasemos la vida comiendo legumbres, pero que no notemos sus efectos nocivos?

Lo cierto es que, como en el resto de especies previamente mencionadas, las variedades domesticadas poseen una cantidad más baja de antinutrientes y posibles tóxicos que las salvajes. Pero eso no quiere decir que sean completamente inocuas al consumirlas crudas. Por suerte, los humanos llevamos el suficiente tiempo conviviendo con las legumbres como para saber eludir sus mecanismos de defensa e incluir a su descendencia en nuestra comida[126].

Muy seguramente en algún punto de tu vida te hayas encontrado a tu madre o abuela dejando unas legumbres a remojo la noche anterior, para hervirlas al día siguiente. Puede parecer simple, pero este pequeño ritual es suficiente para eliminar su amenaza antinutricional. Como curiosidad, este y otros métodos relacionados con la seguridad alimentaria correspondían a las mujeres en diversas culturas. El conocimiento necesario para esquivar el veneno de las comidas era sumamente valioso, y fue pasando de madres a hijas con tal de que no se perdiera[124].

El remojado ablanda a la semilla, permitiendo que muchos de sus antinutrientes pasen al agua que más tarde será descartada. Después, en agua nueva, las semillas son llevadas a hervir. La elevada temperatura del agua sirve para acabar con aquellas moléculas resistentes al paso previo, además de para aumentar la digestibilidad de las proteínas de las legumbres. En ocasiones, en lugar de ser hervidas son salteadas, fritas u horneadas. El resultado es similar, ya que en todos y cada uno de estos procesos la temperatura es suficiente como para eliminar posibles contaminantes supervivientes. Como curiosidad, algo muy similar sucede con los antinutrientes de otras semillas altamente consumidas, como el arroz o la quinoa.

Existen otros métodos que también han sido corroborados como efectivos para el correcto procesado de las legumbres. En la fermentación, con la que se elaboran alimentos como el tempeh, se deja que microorganismos (principalmente hongos del género *Rhizopus*) digieran parcialmente el alimento previo al consumo humano. Estos microorganismos descomponen las sustancias indeseables al alimentarse de ellas y comienzan a digerir las proteínas por su cuenta, haciéndolas más asimilables por nuestro cuerpo. Dejar germinar a las semillas también es una opción, ya que en este proceso la fisiología de la planta cambia por completo. Muchos de los antinutrientes son descompuestos por el brote naciente, sustituyéndolos por ponifenoles y otros metabolitos que serán de utilidad a la planta en su nuevo entorno. Metabolitos que, por cierto, suelen tener impactos beneficiosos para la salud[124, 128].

Incluso así, para algunas personas las legumbres pueden ser peligrosas. Existe una enzima en el ser humano llamada glucosa-6-fosfato deshidrogenasa (G6PD para los amigos) encargada del correcto metabolismo de la glucosa en nuestro cuerpo. Esta proteína, que no es ajena a ningún estudiante de ciencias biológicas desde el bachillerato, resulta de vital importancia para las células sanguíneas. Tanto, que su ausencia puede causar episodios de hemólisis, provocando la muerte instantánea de los glóbulos rojos. En los casos más graves, el descenso en número de los glóbulos rojos puede llegar a causar anemias hemolíticas severas, orina de color negro, dolores abdominales, fiebres y fatiga. Por fortuna para los pacientes, suelen ser asintomáticos, aunque ciertas condiciones ambientales pueden despertar la enfermedad. Estar sometidos a estrés intenso o infecciones puede ser uno de estos factores, así como lo es la exposición a ciertos medicamentos como la aspirina. Pero, sin duda, uno de los principales agentes en estos brotes son las habas (*Vicia faba*).

Estas semillas contienen vicina y convicina, dos metabolitos que por acción de las propias enzimas de la planta se descomponen en divicina e isouramilo. Para la mata de habas, estos compuestos son superútiles. Presentan actividad antifúngica y pesticida, necesarias en caso de ser atacada por hongos o insectos. A priori ninguno de estos compuestos son tóxicos para los humanos, pero en aquellos con deficiencias en G6PD puede desencadenar agresivos cuadros de anemia. Tanto, que la propia patología ha sido bautizada como fabismo: la enfermedad de las habas[129].

El fabismo es una enfermedad ligada al cromosoma X. La enfermedad por lo general procede de las madres, quienes, si no están enfermas, serán portadoras de la enfermedad. Para que una persona de sexo cromosómico femenino (XX) padezca la enfermedad, necesita recibir cromosomas enfermos de ambos progenitores, de ahí que los casos clínicos sean menores que en personas de sexo cromosómico masculino (XY). Se trata de una enfermedad muy compleja, con un gran número de variantes genéticas y amplia variabilidad en la susceptibilidad de los afectados a las habas, aunque todos ellos son sensibles a ellas en algún grado.

Esta enfermedad ha sido reportada en 35 países. El Mediterráneo es uno de los puntos calientes del fabismo. Aquí, varias poblaciones destacan por la elevada incidencia entre sus miembros: egipcios, griegos, chipriotas, kurdos y sardos. Las variantes mediterráneas parecen ser las más afectadas por los metabolitos de las habas, y al mismo tiempo, aquellos que la poseen se encuentran sumamente expuestos a este alimento. La mayor incidencia ha sido registrada en varios países africanos (así como en sus descendientes afroamericanos) y en el Sudeste Asiático. Por contraintuitivo que parezca, padecer fabismo puede ser una ventaja para estas poblaciones. A pesar de ser una enfermedad, el fabismo confiere resistencia contra la malaria provocada por *Plasmodium falciparum,* que se cobra miles de vidas cada año. El parásito es incapaz de sobrevivir en los glóbulos rojos deficientes de G6PD, impidiéndole completar su modo de vida y desarrollar la malaria en su totalidad. Una condición que te protege contra una de las enfermedades más devastadoras a las que la humanidad se ha enfrentado, pero que te licua la sangre si comes unas cuantas habas. Irónicamente, varios fármacos antimaláricos también pueden causar brotes hemolíticos en los pacientes[129, 130]. Las gallinas que entran por las que salen, supongo.

Quizá en la actualidad evitar comer habas es algo sencillo, pues al fin y al cabo hay otras muchas opciones alimentarias. Pero en tiempos pasados las habas suponían la base de la alimentación de estos pueblos, por lo que descartarlas como alimento no siempre era una opción. La comida que salvaba a muchos podía acabar matando a otros.

Esta enfermedad puede ser prevenida desde la educación alimentaria. Cerdeña es un claro ejemplo de esto. En esta isla mediterránea, donde la enfermedad tiene especial incidencia, se pusieron en marcha diversos programas para evitar el desarrollo de cuadros graves. Desde pruebas médicas para facilitar el diagnóstico desde el nacimiento hasta varios programas de concienciación llevados a cabo por distintas organizaciones y medios, los esfuerzos dieron resultados notorios. En un periodo de 20 años, comprendido entre 1961-1970 y 1981-1990, los casos descendieron en un 75 %. Los padres sabían que no debían alimentar con habas a sus hijos y que, en caso de consumo, debían recibir atención sanitaria rápidamente para evitar hemólisis descontroladas[129].

Otra muestra más de la importancia que tiene saber qué comemos y de qué modo puede afectarnos.

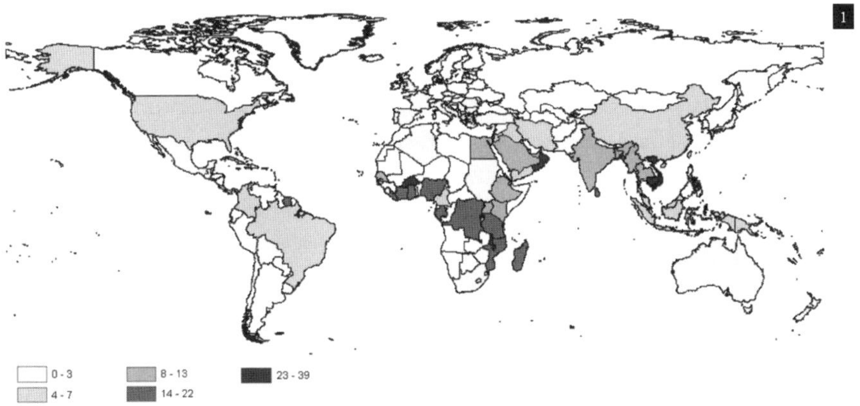

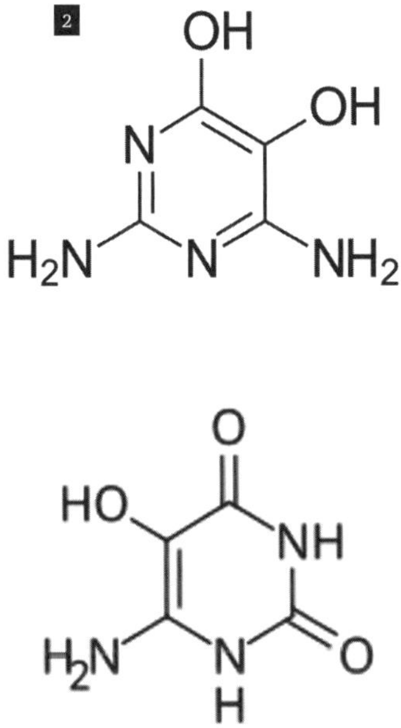

1. Distribución e incidencia del favismo, recreación de Nkhoma *et al.* (2009).

2. Divicina (arriba) e isouramilo (debajo).

3. Semillas de *Vicia faba.*

Las habas no son las únicas plantas de este grupo con una enfermedad propia. Las almortas (nombre común de las semillas de *Lathyrus sativus*) quizá no sean tan conocidas como otras legumbres, pero su relevancia alimentaria es innegable. Las plantas que las producen son duras, y pueden proliferar bajo condiciones tan adversas como sequías o inundaciones. Debido a su elevado valor nutricional y a su resistencia a la adversidad son consideradas un cultivo de supervivencia, al igual que la yuca, pues su consumo se incrementa ante desastres naturales, demográficos o políticos. Pero aquí no acaban los parecidos.

Las almortas contienen ácido β-N-oxalil-α,β-diaminopropiónico (ODAP por sus siglas en inglés), un aminoácido no proteico que en el cuerpo humano se comporta como una neurotoxina. Actúa como un agonista del receptor de glutamato AMPA, afectando directamente a las neuronas piramidales. Estas neuronas están ubicadas en la médula espinal y en la región del cerebro encargada del movimiento de las piernas, así que te puedes hacer una idea de lo que pasa cuando, por acción del ODAP, comienzan a degenerarse. Como resultado, la exposición continuada a este tóxico provoca latirismo (concretamente neurolatirismo), una enfermedad neurodegenerativa que resulta en la incapacidad para mover las piernas. Básicamente, las sobreestimula hasta la muerte. En casos más leves la pérdida de movilidad en estas extremidades es solo parcial, pero en otros más extremos, la persona afectada queda discapacitada de forma permanente[131, 132]. Esto mismo les sucedió a unas 2000 personas en una de las sequías más grandes que ha conocido Etiopía, que duró desde 1995 a 1997.

Los españoles conocemos bien las consecuencias del consumo excesivo de almorta. Establecido en muchas regiones del país como cultivo tradicional, es la materia prima con la que se producen platos típicos, como las gachas manchegas. Uno de los primeros brotes de latirismo de los que se tiene constancia data de la Guerra de Independencia española, conflicto bélico en el que las tropas napoleónicas trataron de conquistar la península ibérica. La miseria de la guerra y de la postguerra consecuente dejaron un país sumido en la pobreza, y a su mayoría, la clase trabajadora, completamente devastada.

Una de las ciudades más afectadas por este evento fue Madrid, que quedó devastada por una brutal hambruna. Los suministros alimentarios fueron cayendo poco a poco, restringiéndose la llegada de alimentos tan básicos como los cereales. Pocas cosas tenían los madrileños de la época para llevarse a la boca. Pero, por suerte, tenían almortas.

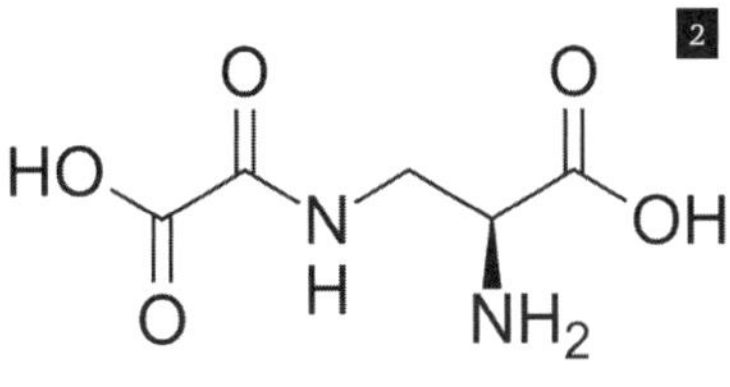

1. La epidemia de latirismo sucedida tras la guerra napoleónica en España quedó reflejada por Francisco de Goya: *Gracias a la almorta.*

2. Ácido β-N-oxalil-α,β-diaminopropionico.

3. Semillas de *Lathyrus sativus.*

En este escenario, era común ver a personas con un andar tembloroso por la ciudad, síntoma de los primeros estadios del latirismo. Algunos más afectados necesitaban apoyarse en bastones y muletas, mientras que en los casos más extremos los brazos debían cumplir la función de las piernas. El aclamado pintor Francisco de Goya realizó un fiel retrato de la enfermedad en su grabado *Gracias a la almorta*, el número 51 de su serie *Desastres de la Guerra*. En él, aparecen distintos personajes envueltos en harapos, que se reúnen frente a una mujer que les reparte algo para comer, seguramente alguna sopa o guiso de almorta. Una de las comensales permanece tendida en el suelo, por lo que muchos han teorizado que podría estar en la fase final de esta enfermedad. Aparecen algunos niños, los más sensibles a la neurotoxicidad del OADP, que buscan algo de comer[132].

Esta no sería la última vez que España se enfrentaría al latirismo en estas magnitudes. Tras la Guerra Civil española, las almortas se encontraban entre los pocos alimentos disponibles para el consumo. En la década de 1940 algunos médicos vinculaban el consumo de esta legumbre a la oleada de desórdenes nerviosos que afloraban en el país durante esta época. No fue hasta varias décadas más tarde, en 1967, que su consumo sería prohibido por el régimen, dejando a la almorta y todos los productos derivados de ella (como la harina) fuera del alcance de los consumidores. Política que no es para nada exclusiva del país ibérico, pues 6 años antes en India y Nepal se levantaron leyes para prohibir la producción, almacenamiento y consumo de almorta[133].

Eventos similares a los brotes de latirismo español han tenido lugar en las provincias indias de Uttar Pradesh, Madhya Pradesh y Bihar, donde es considerado una enfermedad endémica. La almorta lleva cultivándose en India desde hace unos 4000 años, y a pesar de estar sumamente extendida, no todas las poblaciones que la consumen padecen latirismo ni otras complicaciones asociadas a estas legumbres. Al igual que en España, donde las almortas llevan formando parte de nuestra dieta desde tiempos inmemoriales. ¿Qué provoca entonces que el latirismo se manifieste o no?

Tras numerosos estudios, se concluyó que no se trataba de una cuestión relativa a los métodos de cocinado, ni de preparado ni nada por el estilo. El secreto está en la cantidad. Resulta que, en parte, los brotes en India fueron causados por una cuestión cultural. Muchas veces los trabajadores pertenecientes a las castas menos pudientes recibían sus sueldos en forma de comida, siendo la almorta la moneda de cambio más habitual por su bajo precio[133]. Si las almortas suponen más del 30 % de la dieta y este modo de alimentación se alarga unos cuantos meses (como sucede en casos de hambruna), el desarrollo de latirismo está casi asegurado. Cuanto más porcentaje de la dieta esté ocupado por las almortas, la aparición de esta enfermedad neurodegenerativa se verá acelerada.

Con las nuevas evidencias científicas, diversas iniciativas están surgiendo en estos países para levantar las normativas que restringen el uso de almorta. Al fin y al cabo, se trata de un nutritivo alimento de fácil cultivo y suficiente para satisfacer las necesidades de la población creciente. Siempre y cuando su consumo no supere los márgenes de seguridad alimentaria, el latirismo nunca tendría por qué aparecer. En resumidas cuentas, el consumo de almorta tiene más puntos a favor que en contra[133].

Desde el 2018 los españoles podemos volver a comer almortas, pues fue en este año cuando se levantó la prohibición de finales de los 60. En la actualidad, podemos encontrar a esta legumbre y sus derivados tanto en comercios locales como en grandes superficies. Eso sí, si te fijas bien, el propio envase advierte de los peligros de abusar en cantidad de este superalimento. Pero nada de esto va a impedir que hagas unas buenas gachas al estilo de La Mancha[134].

Qué le vamos a hacer. Como dice el refrán: el muerto al hoyo y el vivo al bollo.

CAPÍTULO 15.

Venenos agrarios

Cuando era niño, uno de mis momentos favoritos del año eran las noches de verano. Esperaba a que el sol se escondiera para salir a la calle armado con un vaso y un reclamo. Azúcar, un palito de algún helado recién devorado, un poco de pan... Cualquier cosa que fuera del gusto de los insectos que, como yo, salían a tomar la fresca. La metodología era sencilla: primero, seleccionaba los lugares que más me llamaban la atención; después, dejaba un trocito de comida (cada noche algo diferente para no aborrecer a los insectos) y, por último, inspeccionaba los reclamos para comprobar de quién habían llamado la atención. Principalmente atraía a hormigas, moscas y avispas, pero de vez en cuando recibían visitas más interesantes. Polillas de gran tamaño, escarabajos muy distintos o incluso predadores como mantis que acudían a la congregación de presas que había provocado. Este pequeño ritual, completamente generado por la curiosidad infantil, se mantuvo durante muchos años. Incluso ahora a mis 23 años no puedo esperar a que llegue el siguiente verano para ver qué me encuentro. Sin embargo, tras casi dos décadas haciendo esto, me he dado cuenta de que cada vez las gotitas de almíbar o los trozos de frutas reciben menos visitantes. ¿A dónde se han ido los insectos?

Me he criado en la huerta del Segura, en esa tierra de nadie entre Alicante y Murcia conocida como la Vega Baja. Me he pasado la infancia entre bancales y huertos de limoneros, y mi vida siempre ha estado estrechamente ligada a la naturaleza. Pero no solo la mía, sino también la del resto de personas que habitan estos mismos ecosistemas, tengan algo que ver con el estudio de la vida o no. Mi madre me recuerda todos los veranos cómo ella iba de niña a ver luciérnagas. Hablando hace un tiempo con mi tío me dijo que los parabrisas de los coches se ensucian mucho menos con insectos ahora que hace unos años. La gente de mi zona que se dedica a la apicultura se echa las manos a la cabeza al darse cuenta de que las colmenas duran cada vez menos. Incluso yo mismo me he visto en la tesitura de contarle a mi hermana pequeña que cuando yo tenía su edad los cantos de los grillos eran mucho más fuertes.

Y esto no se queda en simples observaciones anecdóticas. Existe una infinitud de estudios que demuestran cómo las poblaciones de insectos y otros artrópodos han decaído drásticamente en las últimas décadas. Y, con ellos, las de los anfibios, reptiles, peces, aves y mamíferos que se alimentan de ellos. Tan solo un pequeño porcentaje de organismos supone una amenaza real a las especies de cultivo, pero al final acaban todos pagando justos por pecadores[135]. Una de las primeras personas en alzar la voz contra esta problemática fue la bióloga estadounidense Rachel Carson en su libro *La primavera silenciosa*. En esta obra, Carson denunciaba cómo el uso masivo de pesticidas en los campos de cultivo estaba dañando no solo a las especies consideradas como plaga, sino también al resto. Por supuesto, al humano también. Esta crisis de los pesticidas consiste en una de las principales amenazas contra la salud ecosistémica y humana a la que incluso en nuestros días nos enfrentamos. El veneno no solo es una cosa inherente de algunas de las plantas que nos comemos. Constantemente se las está sazonando con este tipo de tóxicos.

El modelo de producción agronómica más extendido es el monocultivo, donde una misma especie vegetal es plantada a lo largo de hectáreas sin compañía de ninguna otra. Como bien dijo Carson, «en la naturaleza, nada existe en soledad». Es este aislamiento al que constantemente sometemos a nuestros cultivos lo que ha llevado al uso de pesticidas a gran escala, ya que en este escenario es imposible que las plantas establezcan las relaciones necesarias para sobrevivir al asedio de los herbívoros. En estado salvaje, cada planta ocupa su lugar en el ecosistema, llegándose a producir auténticas comunidades vegetales. Algunas plantas tienen hojas más anchas, y dan sombra a especies más sensibles al sol. Otras, como sucede con las legumbres, fijan nutrientes al suelo. No solo nos alimentan a nosotros, también lo hacen con sus compañeras. Algunas plantas sirven como barrera defensiva. Aunque todas las especies tengan sus propios mecanismos de defensa química, ciertas plantas son más prolíficas en eso de repeler a posibles amenazas. Visto así, el ecosistema se convierte en una compleja maquinaria compuesta por millones de variables, todas y cada una de ellas necesarias para que funcione como debería. Si el ecosistema fuera un ordenador, reducirlo a un monocultivo sería el equivalente a dejarlo con dos cables y pretender que funcione de la misma manera[136].

Seamos realistas, un monocultivo no puede funcionar sin la constante intervención humana. Es un ecosistema artificial sin la capacidad para autorregularse. Precisa de abonados constantes para renovar nutrientes. Mano de obra para eliminar a otras especies de plantas con la osadía de añadir algo de biodiversidad a estos restringidos entornos. Y, cómo no, pesticidas. Toneladas y toneladas de pesticidas que no dejen a un potencial insecto peligroso vivo. Aunque eso implique arrasar con todo lo demás.

Los pesticidas más accesibles son aquellos de amplio espectro y larga esperanza de vida. Esto quiere decir que atacan a un gran número de seres vivos y que tardan mucho tiempo en desaparecer del suelo y agua, por lo que actúan como contaminantes. Estos pesticidas son de síntesis química, artificiales, de tal modo que los organismos descomponedores no cuentan con los mecanismos bioquímicos suficientes como para eliminarlos. No hay bicho que se los coma.

A pesar de tantos inconvenientes, la funcionalidad de los pesticidas es bien clara: alejar a los herbívoros (principalmente artrópodos) de nuestras cosechas. Que nadie les hinque el diente antes que nosotros. Lo cierto es que, sin este tipo de agroquímicos, grandes cantidades de recursos se perderían entre las insaciables fauces de langostas, escarabajos, hormigas, orugas y otros tantos. Incluso en nuestros tiempos modernos, el 20 % de los cultivos son consumidos por las especies consideradas como plagas a nivel mundial[137]. Tantos esfuerzos en conseguir que una cosecha salga adelante para que, semanas antes de recoger sus frutos, todo se vaya al traste. Visto así, los pesticidas son una deducción lógica en la línea del desarrollo humano. Pero ¿solo pueden existir en su versión más nociva o, por el contrario, existen alternativas más respetuosas con el ecosistema?

Siendo la agricultura tan antigua como la humanidad actual, nuestros ancestros llegarían a la conclusión de que necesitarían algo para alejar a las plagas mucho antes que nosotros. En sus tiempos carecían de la tecnología necesaria como para diseñar plaguicidas a placer, así que tenían que apañarse con lo que había. Se tiene registro de que los antiguos griegos usaban derivados de plomo y arsénico para proteger sus cultivos de visitantes indeseados. Por muy natural que fuera su origen, estos primeros pesticidas estaban compuestos por metales pesados, que se acumulan tanto en la tierra, el agua como el cuerpo de los animales. Sus consecuencias, como te puedes imaginar, pueden ser fatales[138].

Por el contrario, otras civilizaciones encontraron la solución a las plagas justo en los seres que devoraban: las plantas. Se tiene constancia de que en la antigua China hace 2000 años se usaban flores secas de crisantemos para proteger sus cultivos. Estaríamos ante uno de los primeros biopesticidas, es decir, pesticidas de origen biológico. Al contrario de la mayoría de insecticidas de síntesis química, su estructura molecular los hace aprovechables para los descomponedores, evitando que se acumulen en demasía en el ecosistema. ¿Por qué? Pues porque llevan miles de millones de años coexistiendo. Los pesticidas de síntesis química son tan recientes en la historia evolutiva de la Tierra que aún no ha sido biológicamente posible la aparición de bacterias, hongos o cualquier otro tipo de microorganismo capaz de degradarlo[138, 139]. No han tenido el tiempo suficiente como para desarrollar las herramientas moleculares necesarias para romperlos.

Por este motivo, los biopesticidas también han recibido el nombre de pesticidas verdes. No se trata de inventar nada nuevo, sino de emplear lo que ya existe.

El empleo de crisantemos como método para repeler a insectos indeseados se extendió por todo el mundo antiguo, estableciéndose como uno de los métodos principales para deshacerse de las plagas en regiones como Persia o Armenia durante la Edad Media. Las plantas popularmente conocidas como crisantemos (aquellas pertenecientes a los géneros *Chrysanthemum* y *Tanacetum*) no solo han sido apreciadas por su valor estético, sino también por su bioquímica. Estas plantas de llamativas flores producen unos metabolitos conocidos como piretrinas. Existen dos grupos de piretrinas, según su molécula de procedencia. Si son derivados del ácido crisantémico pertenecen al grupo I, mientras que las sintetizadas a partir del ácido pirétrico conforman el grupo II. Las piretrinas inhiben el cierre del canal de sodio de las neuronas, por lo que son incapaces de relajarse tras el impulso nervioso. Como resultado, los insectos intoxicados por piretrinas manifiestan pérdida de la coordinación motora, parálisis y muerte[139].

Las piretrinas no solo actúan de forma rápida, sino que también son efectivas sobre un amplio rango de artrópodos. Además, se degradan al estar expuestos a la luz solar, temperaturas elevadas o los microorganismos autóctonos del suelo. Tienen un tiempo de vida estimado entre 2 y 12 horas, aunque pueden llegar a persistir durante meses en espacios cerrados, como invernaderos. Esto las convierte en un arma de doble filo, pues funcionan muy bien, pero durante muy poco tiempo. Bajo nuestro sistema productivo actual, donde se busca el mayor margen de beneficios a menor coste, este tipo de alternativas no son vistas con tan buenos ojos como sus contrapartes más duraderas. No obstante, el daño ecosistémico a largo plazo es infinitamente menor[139].

2

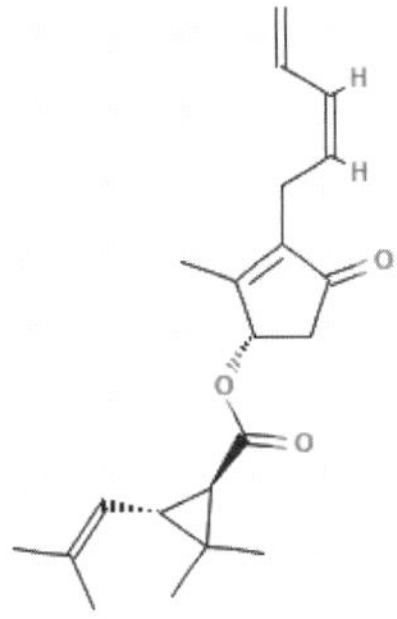

3

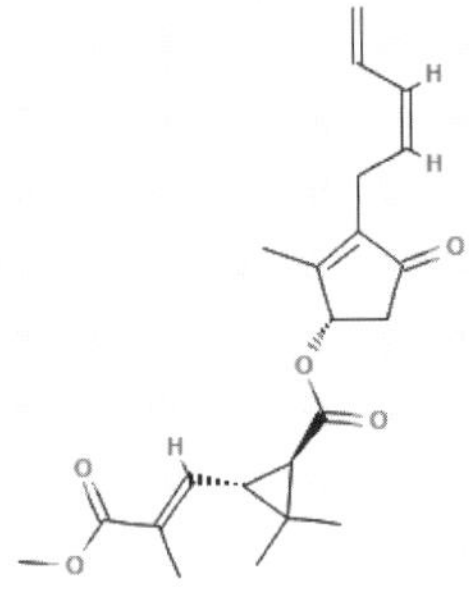

1. Imagen de *Tanacetum cinerariifolium*, especie productora de biopesticidas.

2 y 3. Biopesticidas producidos por *Tanacetum cinerariifolium:* pieretrina I (izquierda) y piretrina II (derecha).

Los pueblos originarios de Centro y Norteamérica también recurrieron a las plantas para proteger a sus cultivos. En su caso, usaban los extractos de hoja de coca como un pesticida natural, así como los de distintas solanáceas. *Solanum tuberosum, Datura ferox* o *Nicotiana tabacum* eran algunas de las más empleadas, que destacan por su naturaleza neurotóxica. Solanina, chaconina, escopolamina, nicotina, cocaína... Todos ellos son perfectamente capaces de causar una sobredosis letal al pobre escarabajo lo suficientemente atrevido como para aventurarse en un huerto. Además de ser efectivos contra los animales, también previenen las infecciones por hongos. Un dos por uno. Pero, en contraposición, su toxicidad contra otros animales como los humanos es más elevada. El debate sobre la seguridad en su uso aún sigue abierto, aunque por el camino se han desarrollado nuevos pesticidas inspirados en estos venenos que son mucho menos perjudiciales contra nuestra especie[137].

En la actualidad, se estima que unas 2500 especies de plantas pertenecientes a 235 familias distintas cuentan con los metabolitos necesarios para hacer frente a las plagas que azotan a nuestros cultivos. No solamente artrópodos, también nemátodos, babosas, caracoles, hongos, bacterias e incluso virus que amenazan nuestra seguridad alimentaria. Especialmente en el contexto de nuestro mundo globalizado donde las cepas más agresivas o los enjambres más voraces pueden recorrer distancias imposibles por su propia biología, pero perfectamente alcanzables yendo de polizones en nuestros aviones, camiones y barcos. Por si fuera poco, a medida que el cambio climático avanza, los patrones cambiantes del clima dificultarán cada vez más la actividad agraria. Las plantas de cultivo estarán sometidas a mayores estreses, dejándolas más vulnerables a las amenazas externas. Se podría pensar que el uso de pesticidas podría ser una de las grandes bazas contra este frenesí, pero en cierto modo, solo es añadir leña al fuego.

Sabemos que, por presión evolutiva, los animales o los patógenos expuestos a pesticidas son susceptibles a desarrollar una resistencia contra ellos. Esto nos empujaría a desarrollar nuevos y más potentes pesticidas, que llevaría a nuevas resistencias por parte de los organismos diana... Como ves, un ciclo sin fin. Una ventaja que poseen los pesticidas orgánicos radica en su propia composición. En lugar de reducirse a un solo metabolito, están compuestos por decenas, cientos de ellos incluso. Los organismos diana tendrían que hacerse resistentes a todos a la vez para poder hacerles frente[140].

Desde mi punto de vista y el de otros muchos científicos, los biopesticidas parecen un prometedor recurso, pero no podemos depositar en ellos todas las esperanzas. Son una herramienta más, pero sin más cambios, quedarán reducidos a un parche. La solución a todo esto se encuentra en las propias raíces del problema: el monocultivo.

Este sistema favorece la constante productividad de materia vegetal frente a la calidad de esta, lo que ha llevado a un descenso en los minerales, nutrientes y compuestos beneficiosos encontrados en nuestras frutas y verduras. No solo se seleccionan variedades más productivas, pero menos nutricionales, sino también aquellas que se centran en aumentar su tamaño a coste de sus recursos defensivos. Esto tiene sentido en especies que, de otro modo, resultarían casi incomestibles por su toxicidad, como la patata o la yuca. Pero en ciertos casos, esta ruta alternativa de la evolución responde más a las necesidades de los mercados que a las del consumidor. La producción de metabolitos especializados tiene un coste metabólico añadido: se necesitan nutrientes y energía para que la planta pueda producir esas moléculas tan fundamentales para su supervivencia en entornos hostiles. Esto ha llevado a que cada vez las variedades empleadas en la agronomía mundial produzcan menos metabolitos, en pro del incremento en su biomasa. Una estrategia excelente si se desea llegar a los valores de producción rentables, pero pésima a la hora de desarrollar una agricultura de calidad. Especialmente si tomamos en cuenta los futuros retos a los que se tendrán que enfrentar nuestros cultivos[141]. En conclusión: despojamos a las plantas de sus toxinas y luego las rociamos con ellas para asegurar su supervivencia. Sería algo así como quitarle los cuernos a un toro y luego darle una escopeta para que se defienda.

Como alternativa al monocultivo y todos sus contrapuntos, ha aparecido un nuevo sistema agronómico: el policultivo. Este tipo de cultivos están compuestos por varias especies a la vez, de tal forma que se benefician la una a la otra mientras mantienen una producción lo suficientemente elevada como para satisfacer las necesidades humanas. En este tipo de ecosistemas las relaciones entre las plantas (tanto aquellas cultivadas como las que aparecen de forma espontánea) alcanzan una mayor complejidad, permitiendo también el asentamiento de animales que pueden funcionar como depredadores de las posibles plagas. Algo que en biología se conoce como control biológico. Desde luego, los policultivos no son tan maleables como el monocultivo debido a su complejidad. Por supuesto, cuentan con su propia tanda de inconvenientes, pero a la larga, parece ser una alternativa agronómica más rentable[136]. En resumen: hay que dejar ser a la naturaleza para que podamos ser con ella.

Implementar este tipo de agricultura basada en los policultivos reduciría sin duda el uso de pesticidas, ya sean de síntesis química o natural, y sacaría a relucir los propios métodos que tiene el ecosistema de regularse a sí mismo. Una poética forma de romper esta relación tóxica de milenios de antigüedad.

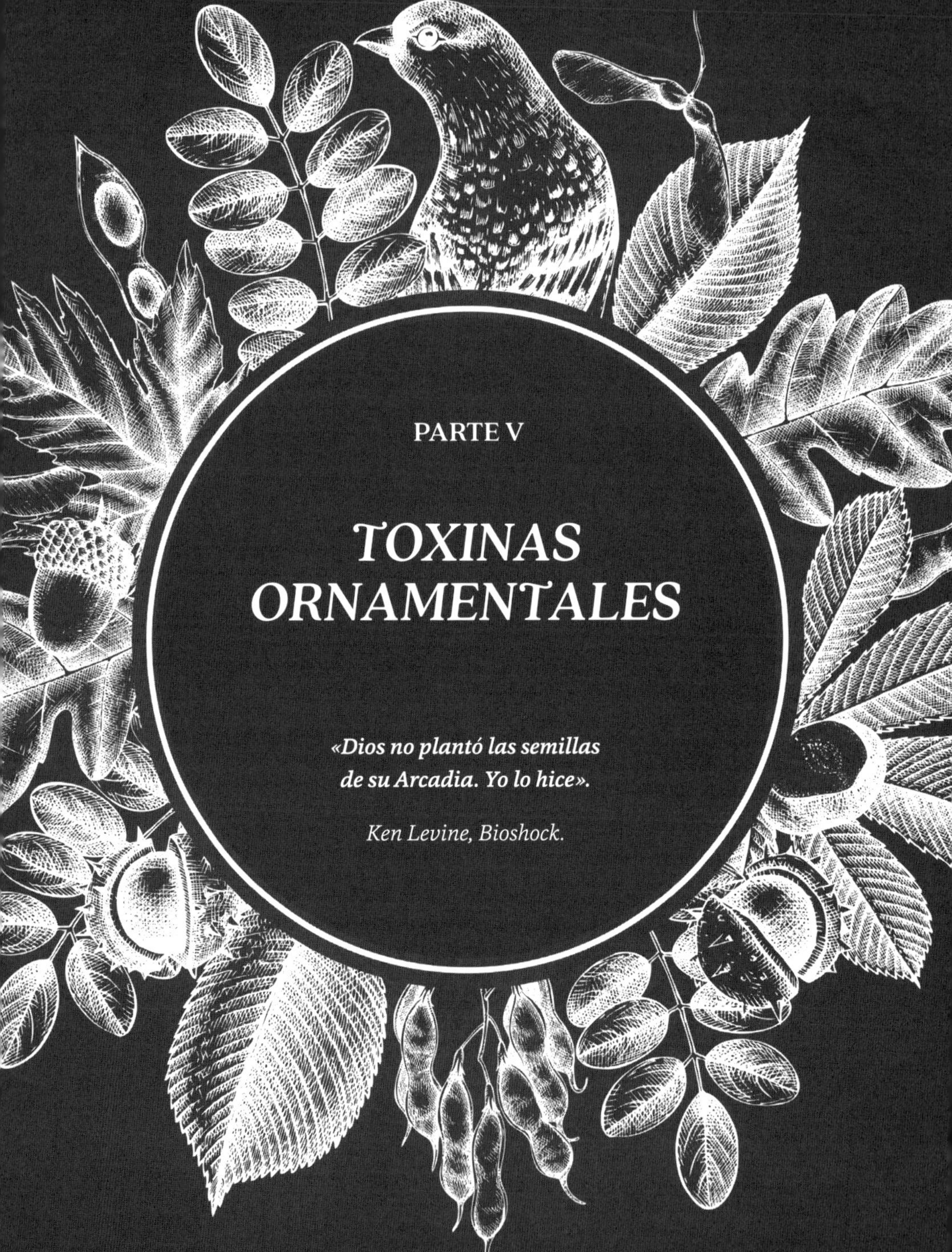

PARTE V

TOXINAS ORNAMENTALES

«Dios no plantó las semillas de su Arcadia. Yo lo hice».

Ken Levine, Bioshock.

CAPÍTULO 16.

Jardines mortales

El jueves 4 de mayo del año 2000, Tom Wiltsey decidió echar un vistazo a sus hijos antes de salir a trabajar. Eran las 5:30 de la mañana y debía despertarlos, por lo que entró a la habitación de Alexei y Peter, de 2 y 3 años respectivamente. Los niños no habían tenido una vida fácil. Se sabe poco de sus padres biológicos, ya que desde una edad muy temprana estuvieron bajo la custodia del estado ruso. Fueron Shirley y Tom Wiltsey quienes adoptaron a los pequeños en septiembre de 1999, con la intención de darles una vida mejor. Al fin y al cabo, ellos ya tenían dos hijas, eran padres experimentados y con una buena posición económica, patente en su espaciosa casa en el barrio californiano de El Segundo. Pero todos los sueños de familia feliz estadounidense de comienzos de milenio se derrumbaron cuando Tom, al tocar a sus dos hijos esa mañana, realizó un terrible descubrimiento: estaban fríos.

Como era de esperar, los primeros investigados por infanticidio fueron los padres. Sin embargo, la autopsia no reveló signo alguno de violencia, y ni vecinos ni familiares tenían sospecha alguna de que Tom y Shirley fueran unos maltratadores en secreto, por lo que fueron rápidamente descartados. Lo cierto es que los niños habían pasado toda la semana enfermos. Pero los niños pequeños están constantemente enfermos. Nada nuevo bajo el sol. A la hora de cenar de ese mismo lunes, después de una sesión de juegos en el patio trasero de su domicilio, ambos niños comenzaron a vomitar. Su madre les había pillado jugando con algunas plantas, y tenían restos de ellas la boca. Pero Shirley no tardó en retirárselos y disuadirlos de un segundo intento. Desde su llegada de Siberia, los niños se echaban a la boca todo lo que se encontraban, por lo que eso de que improvisasen una ensalada con las plantas del patio no supuso para su madre una novedad. De hecho, su pediatra le comunicó que esos vómitos eran un buen signo. «Se están purgando», dijo a la preocupada madre. Al día siguiente, aunque los niños se levantaron algo revueltos, pasaron la tarde animados, jugando. El miércoles parecían totalmente recuperados, tanto que su madre los volvió a dejar jugar fuera. Esta vez, sin meriendas indeseadas. Por desgracia, esa sería su última tarde de juegos.

El equipo forense detectó trazas de varias plantas en el contenido estomacal de los infantes. Una de ellas coincidía con un arbusto que crecía en el jardín de los vecinos de los Wiltsey, al igual que en otros tantos jardines, parques, plazas e incluso colegios. Toda la familia se encontraba con ella cada vez que salía y entraba de casa. Era de hecho una planta de moda. Todo el mundo la tenía. Traída desde el mediterráneo, de fácil mantenimiento y con unas flores rosadas despampanantes, se adaptaba perfectamente al clima de California. Toda una joya botánica que, por un módico precio, podías incorporar a tu jardín. Así que, ¿quién iba a imaginar que esos niños serían las primeras víctimas de esta planta registradas en los Estados Unidos?[142].

Como ya he comentado anteriormente, los seres humanos somos parte de la naturaleza. Y permanecer desconectados de ella puede tener consecuencias tan nefastas como la que acabas de leer. Nos hemos convertido en animales fuera de contexto, con vidas tan artificiales que somos incapaces de reconocer un peligro natural cuando lo tenemos a dos palmos de distancia. Mucho menos si viene en la forma de planta, subestimada y reducida a una pieza de decoración.

En tiempos antiguos, los lugares destinados a esta actividad eran conocidos como «jardines de placer». Normalmente, las extensiones de terreno colmadas de plantas servían a una funcionalidad directa, ya fuera la producción de comida o de medicinas. En épocas de menores recursos tecnológicos, mantener jardines de puro uso decorativo y recreativo era algo solo reservado a las clases apoderadas. No todo el mundo podía permitirse destinar tierra fértil, agua, abono y mano de obra en cuidar a unas plantas solo por su belleza. La naturaleza como objeto de placer era un privilegio. Y tener el tiempo para disfrutarla, también.

Durante varios siglos, la tenencia de un jardín ornamental era algo reservado a unos pocos. De hecho, uno de los primeros jardines decorativos de los que se tiene constancia data de hace más de 3000 años, ordenado crear por el rey asirio Tiglath Pilesar I. Seguido, cómo no, por los famosos jardines colgantes de Babilonia. Se desconoce la composición exacta de tales jardines que, para la época, serían auténticas proezas del paisajismo[143].

Siglos más tarde, a medida que nuestra especie desarrollaba las tecnologías necesarias para llevar una vida más cómoda, los jardines y las plantas decorativas tomaron un matiz más cotidiano. Muestra de ello son los jardines romanos de Pompeya, perfectamente preservados bajo las cenizas del Vesubio. Datados del año 79 antes de nuestra era contemporánea, los jardines de esta desdichada localidad romana no solo estaban repletos de plantas, sino que también estaban decorados con pinturas de las mismas. Estos murales tenían una función principal: hacer que el modesto jardín pareciera más grande de lo que es. Especialmente en los limitados jardines que las clases menos apoderadas económicamente podían permitirse[144].

Muchos de estos murales tienen algo en común. En ellos, se observan arbustos frondosos, de flores rosadas con 5 pétalos, que se extienden hasta el horizonte. La misma planta era cultivada en macetas, y con ella se adornaban calles y plazas públicas. Quién podría sospechar que más de 2000 años después y en la otra punta del mundo se convertiría en asesina de dos inocentes criaturas.

La adelfa, baladre, laurel en flor, laurel del diablo o, como la llamamos los científicos, *Nerium oleander*, es una de las plantas decorativas por excelencia a nivel mundial y una de las más tóxicas de la cuenca del Mediterráneo. Pertenece a la familia de las apocináceas, siendo así pariente del veneno de bosquimano y otras plantas venenosas ya mencionadas. Contiene altas dosis de moléculas tóxicas, algunas propias de la especie como la oleandrina[145]. Este glicósido cardiotónico es un potente veneno, capaz de inutilizar a las células cardiacas y causar auténticos estragos en el organismo humano. Entonces, ¿por qué usarla como decoración?

Para los griegos y los romanos, se trataba de una elección obvia. Al fin y al cabo, los humanos de estos contextos no disponían de la gran variedad de plantas decorativas que tenemos en la actualidad. Si deseaban vestir sus jardines, tenían que apañárselas como pudieran, de tal modo que recurrían a especies autóctonas de fácil reproducción y mantenimiento, características propias de la adelfa. Esta planta es una de las principales conformantes del bosque de ribera mediterráneo. Su presencia es indicativa de una buena salud en los ríos, ya que ayuda a filtrar el agua antes de que llegue a los ecosistemas fluviales, evita desprendimientos de tierra y da cobijo a la fauna local. Importantes servicios ecosistémicos más allá de poner algo de verde en nuestras vidas[146].

Ni los griegos, ni los romanos, ni otras civilizaciones del Mediterráneo que introdujeron a la adelfa en sus hogares eran tontos. Sabían de la toxicidad de esta planta, así que eran cuidadosos con ella. Si no iban a ingerirla fuera de casa, menos aún iban a hacerlo dentro de ella.

Podría parecer que esta práctica de tener algo tan potencialmente peligroso como plantas tóxicas en casa sea algo anticuado, como el papel de pared con arsénico de la época victoriana o el maquillaje de *belladonna* del renacimiento. Pero, por increíble (e irresponsable) que parezca, eso de tener armas biológicas en maceta sigue a la orden del día.

Como especie autóctona de mi tierra, las adelfas han formado parte de mi vida desde que tengo memoria. Eran una vecina más. Como saber ancestral, existen dichos populares en esta zona de la península como «ser más malo que el baladre», expresiones que dejan de manifiesto los peligros de estas plantas. Casi todas las personas de esta zona a las que he preguntado saben que esta especie es venenosa, o al menos que es mejor no consumirla, resultado de haber convivido durante milenios con ella. A cambio de decorar con su cuerpo nuestros espacios verdes, la adelfa recibe de los humanos los beneficios de la reproducción y la expansión a otros territorios, por no hablar del mimo con el que se las cuida.

Y es así como fuera de su área nativa, al llegar a personas que no tienen una cultura ligada a ella, su poder mortal pasa a un segundo plano. Lo único que importa es que es bonita y se cuida sola. Esto ha llevado a la aparición de distintas variedades comerciales, que ensalzan la belleza natural de la adelfa con flores dobles, pétalos más grandes, nuevos colores o fragancias más intensas.

Por desgracia, la muerte de Alexei y Peter Wiltsey no serían las únicas provocadas por la adelfa. En la actualidad sabemos que la ingesta de unas cuantas hojas es letal en humanos adultos, aunque antes de llegar a la cantidad mortal es posible que su aberrante sabor te detenga. Su savia sumamente amarga, que provoca una intensa salivación en los incautos herbívoros que se atreven a morderla, sirve a modo de aviso. Pero si el tamaño de su agresor no es muy grande, incluso ese aviso puede ser fatal. Para los niños, las principales víctimas de envenenamiento por plantas ornamentales junto con los animales domésticos, la dosis puede ser tan baja como una sola hoja. De hecho, los forenses encargados de estudiar el caso de los Witsley apuntaron a que tan solo media hoja habría sido suficiente para causar la muerte de los pequeños. Debido a su fácil acceso, a su alta toxicidad y al poco conocimiento general sobre sus peligros, la *Nerium oleander* se ha convertido en el personaje principal de varias desgracias domésticas.

En 1985, una mujer también californiana de 30 años falleció tras confundir una adelfa de un parque cercano con un eucalipto y prepararse una infusión con sus hojas. En diciembre del 2004, una chica de 26 años de origen belga fue encontrada muerta en las calles de Italia junto a un amigo tras haber ingerido de forma accidental hojas de *Nerium oleander.* Más recientemente, en 2023, una niña de 7 años y su hermano de 5 fallecieron en India tras ingerir las hojas de una adelfa ornamental al confundirlas con hojas de guayaba, planta decorativa que sí es comestible. De hecho, en mi propia graduación de la carrera tuve que impedir un envenenamiento con esta planta. Y la lista es mucho, mucho más larga[147].

Aunque hasta el momento solo he hablado de plantas pertenecientes a la familia de las apocináceas al mencionar estos glicósidos cardiotónicos, estos no son exclusivos de este grupo de plantas. Autóctona del oeste de Europa y el Norte de África, la *Digitalis purpurea* o dedalera fue introducida a América y varias regiones de Asia con fines medicinales y ornamentales.

A diferencia de las adelfas, que pueden alcanzar varios metros de altura y ser muy longevas, las dedaleras tienen un ciclo vital no superior a dos años, y una altura que no alcanza el metro y medio. Llamadas así por sus flores en forma de campana, pueden encontrarse en su llamativo color violeta natural, con un interior decorado con motas oscuras. También se las puede encontrar blancas con motas, color violeta pálido o completamente blancas, ya que desde que descubrimos los mecanismos genéticos que condicionan su color, podemos producir una amplia gama de flores distintas. Son unas plantas bastante todoterreno, que requieren pocos cuidados y pueden crecer bajo condiciones ambientales muy distintas, lo que las ha llevado a ser las favoritas de muchos a la hora de decorar sus jardines. Pero ante su exuberante belleza eclipsa otro rasgo de esta planta que para nada merece menos atención: su veneno.

Las dedaleras son muy productivas desde el punto de vista del metabolismo secundario. Entre los glucósidos cardiotónicos que producen destacan la digitoxina, la gitoxina, la gitaloxina y la digoxina. Al igual que los encontrados en la adelfa, estos metabolitos defensivos atacan a las células del corazón, concretamente a los canales de sodio que regulan la contracción muscular. Sin un corazón que pueda bombear correctamente, los problemas cardiacos se manifiestan al poco tiempo. Y si la dosis es alta, también lo hace la muerte[148]. Pero al menos puedes elegir qué flores combinan mejor con el resto de tu jardín. Todo un lujo.

1

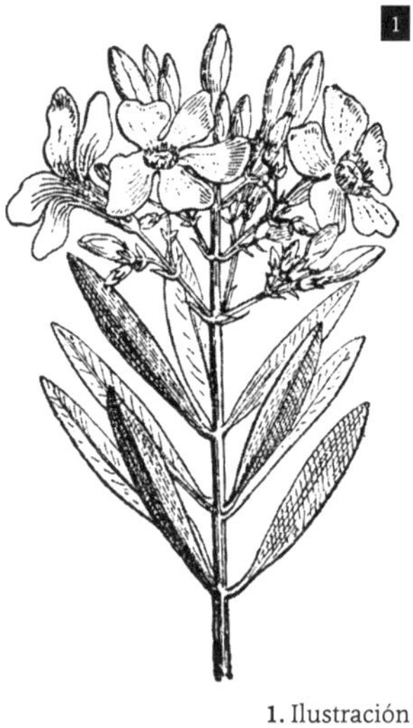

2

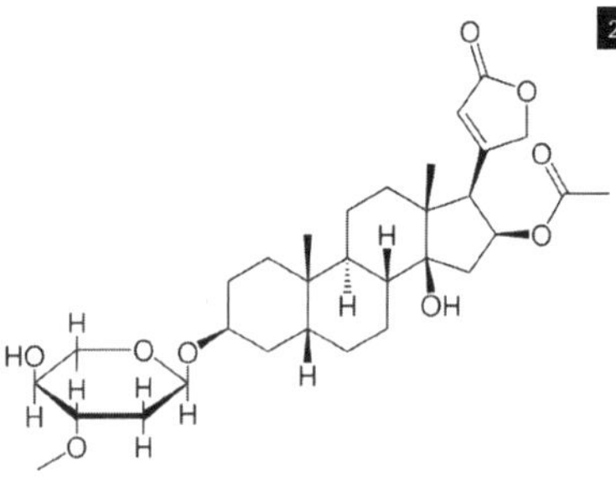

1. Ilustración botánica de *Nerium oleander*.
2. Uno de los metabolitos principales de *Nerium oleander*, la oleandrina.

1

2

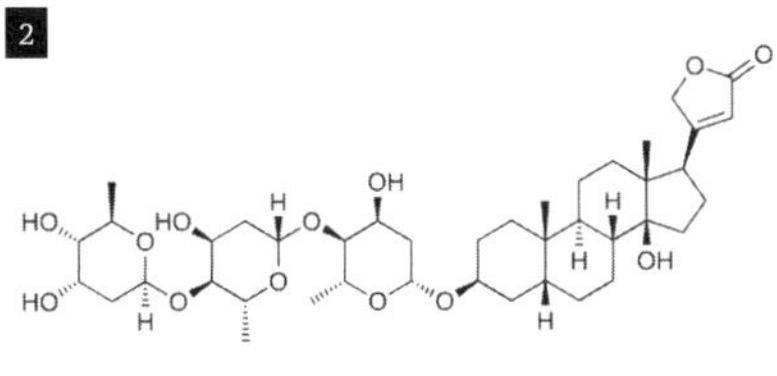

3

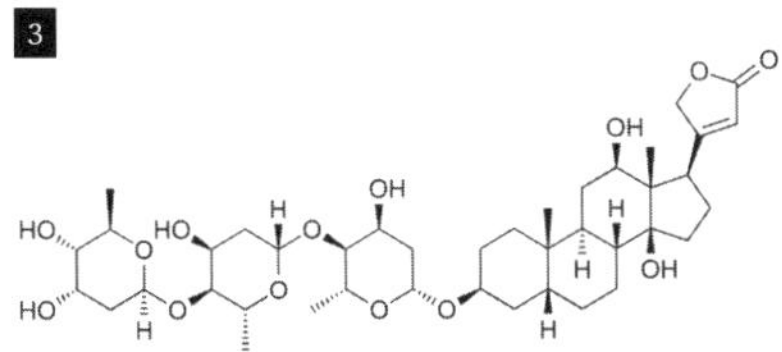

1. Ilustración de *Digitalis purpurea.*
2. Digitoxina.
3. Digoxina.

En el imaginario colectivo, las plantas son un objeto decorativo que poner en un jarrón o en una maceta para hacer que tu salón se vea mejor. Pero, en realidad, son organismos vivos, y como toda forma de vida luchará por su supervivencia con todo recurso que tenga disponible. La primera edad de oro de las plantas ornamentales se dio entre los siglos XVI y XVIII. En esta época, se crearon grandes espacios verdes artificiales, además de algunos de los primeros invernaderos domésticos que permitían la tenencia de plantas tropicales en entornos fríos como las islas británicas. Dentro de las grandes potencias europeas, floristas y mercantes desarrollaban nuevas cepas vegetales más vistosas con las que engalanar los jardines y parterres de magnates a precio de escándalo. Mientras, en las colonias poseídas por dichas potencias, nuevas especies de plantas eran no solo descubiertas, sino también expropiadas y mercantilizadas a las altas clases como artículos de lujo[143].

El poder tener plantas tan exóticas, venidas de tierras remotas como un artículo decorativo más, era una declaración de poder. Dejaba de manifiesto que uno no solamente poseía la potestad de recrear ecosistemas enteros con especies tan extrañas que parecían casi míticas, sino de encasillar a especies anteriormente silvestres en elegantes invernaderos o macetas altamente decoradas. Eran signos de que nuestra especie estaba destinada a ser la dueña del planeta, y doblegar a la naturaleza para reducirla a un adorno más era tan solo una manifestación de nuestro poder.

Pero lo cierto es que, por muy fina que sea la porcelana de un tiesto, la planta que pongas en él será igual de salvaje que en su hábitat natural. Puede parecer que la adelfa es un caso aislado, pero nada más lejos de la realidad. Si tienes plantas en tu patio, muy seguramente más de una será venenosa.

Muchas de las especies vegetales de anteriores capítulos son también empleadas como elemento decorativo. Varias especies del género *Datura* y *Brugmansia* son preciadas como plantas ornamentales en la actualidad por el gran tamaño de sus flores y su embriagador aroma, a pesar de las posibles contraindicaciones que una exposición prolongada al perfume de estas flores pueda tener. Se han reportado casos de jardineros que han experimentado severos dolores de cabeza y mareos tras haber trabajado en espacios con estos arbustos [143]. Los tóxicos *Taxus,* cuya savia era un valorado recurso para los arqueros de tiempos antiguos, son plantas populares en la fabricación de setos y un elemento decorativo común en climas fríos[149]. Diversas plantas del género *Euphorbia* son sumamente comunes en patios y jardines. Una de ellas tiene incluso fecha propia: el 8 de diciembre, día mundial de la flor de nochebuena o *Euphorbia pulcherrima*. Pero que sea un adorno navideño no hace que su látex resulte menos irritante[150]. En varios países, los cactus de San Pedro son empleados como seto para separar jardines, y las plantas de las que se extrae la cocaína son un elemento decorativo más. Por no hablar de que incluso el mismísimo ricino, planta venenosa por excelencia, es elegido por algunos para dar un toque de color a su jardín.

Hay una especie en particular que me llama la atención, porque desde el primer momento en el que fui consciente de su existencia, no pude dejar de reconocerla en todas partes. Me cruzo con ella día a día, y seguramente tú también. *Lantana camara*, más conocida simplemente como lantana o banderita española, es de hecho una de estas plantas producto de la colonización y la descontextualización ecológica que viene con ella. A pesar de su nombre, esta planta es nativa de América, donde puede encontrarse en estado silvestre en México, Colombia y Venezuela, entre otros países. Se trata de un arbusto leñoso muy adaptable. Puede habitar en un gran abanico de suelos y climas, desde tropicales y subtropicales hasta templados. Requiere pocos cuidados y crece con suma facilidad. Esta planta produce inflorescencias, es decir, agrupaciones de pequeñas flores. Con los cuidados apropiados la planta florecerá todo el año. Dichas flores pueden ser de colores muy distintos, incluso dentro de la misma inflorescencia. De hecho, el apodo de banderita española viene de una de sus variedades, que posee flores rojas y amarillas simultáneamente. Pero también las hay blancas, naranjas, rosas o violetas, produciendo inflorescencias uniformes o mosaicos de colores. Con todo esto, no es de extrañar que se haya convertido en una de las plantas ornamentales más extendidas en todo el mundo[151].

Un rasgo que suele pasar desapercibido pero que es muy característico de esta planta es su olor. Al frotar una de sus flores u hojas, desprenderá un aroma sumamente intenso y afrutado. Parece casi artificial. Algunos encuentran en esta propiedad un atractivo más. Pero lo cierto es que se trata de uno de los primeros signos de peligro de esta especie. Los venenos más característicos de la lantana son triterpenoides, moléculas de 30 átomos de carbono pertenecientes al mismo grupo de compuestos responsable del olor de los geranios, del limón o del pino. El lantadeno A es la toxina más destacable de esta especie. Su ingesta provoca problemas en el hígado, la inflamación de los conductos hepáticos y biliares (condición conocida como colangitis) y la irritación del tracto digestivo superior. Las lesiones hepáticas y la obstrucción del flujo biliar impiden la metabolización de la bilirrubina, molécula producida en la destrucción de los glóbulos rojos envejecidos que tiene lugar en el hígado. Es entonces cuando la bilirrubina se acumula en el cuerpo, especialmente en la piel y en las mucosas, llevando a un llamativo síntoma conocido como ictericia. Aquellos animales envenenados por esta planta presentan la esclerótica (la zona blanca del ojo) y zonas de piel desnuda coloreadas de amarillo por este mismo motivo[152].

2

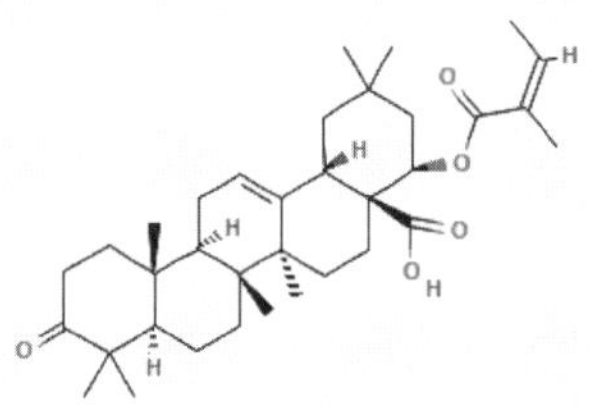

3

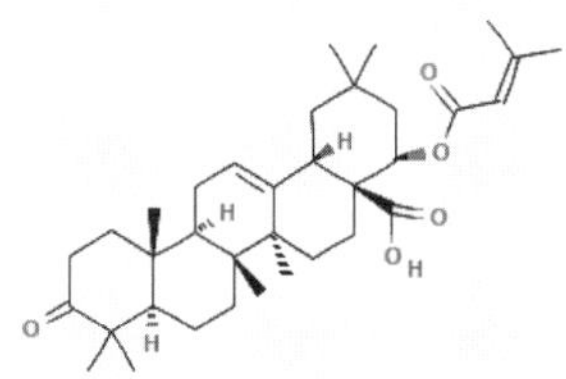

1. Fotografía de las inflorescencias de *Lantana camara*, apreciadas mundialmente por su valor decorativo.

2. Lantadeno A.

3. Lantadeno B.

En herbívoros rumiantes, estos fallos hepáticos impiden el metabolismo de la filoeritrina, molécula generada en la digestión de la clorofila, abundante en la dieta de estos animales. Se acumula en la piel al igual que la bilirrubina, pero sus consecuencias son más graves. La filoeritrina se descompone al ser expuesta a la luz, y cuando está almacenada en tejidos, dicha fotólisis trae consigo daño en los herbívoros. La piel de los animales envenenados con lantana, especialmente aquellos que han consumido esta planta durante largos periodos de tiempo, sufre dermatitis y otras condiciones dermatológicas bajo la incidencia de los rayos solares. Un fenómeno conocido como fotosensibilidad. Debido al daño causado por el sol, los animales desarrollan fotofobia, una aversión a la luz. Como cabe esperar, dichos síntomas traen consigo graves consecuencias en los animales que los padecen.

El primer caso registrado de ganado envenenado por esta planta sucedió en Australia, en 1910. Tras él, eventos del mismo calibre se han dado por todo el mundo. Estados Unidos, Nueva Zelanda, India, Argentina, Chile... En 2018, un grupo de 170 vacas buscó refugiarse de una tormenta en un bosque de eucalipto cercano en el departamento de Paysandú, Uruguay. Fueron encontradas por los ganaderos responsables, pero tan solo una semana después de esta incursión mostraron síntomas de envenenamiento por lantana. Cuatro semanas más tarde, 74 de estas vacas murieron a causa de la intoxicación, y gran parte de los animales supervivientes necesitaron atención veterinaria. Aunque la mayoría de casos de intoxicación por lantana han sido registrados en animales de ganado, un gran número de especies es susceptible a las toxinas de esta planta. Vacas, ovejas, caballos, cabras, perros, gatos, canguros e incluso humanos han sido afectados por la lantana[153, 154].

En el corto periodo de tiempo entre 1961 y 1962, 17 niños fueron atendidos por envenenamiento con lantana en el condado de Hillsborough, Florida. Cuatro de ellos mostraron síntomas graves, y uno de ellos, menor de 3 años de edad, murió a causa del mismo. Mientras que los animales domésticos suelen contraer envenenamiento por consumo de las hojas y tallos de estas plantas, los casos registrados en humanos suceden por ingesta de los frutos[155].

Más allá de ser un peligro para los animales, la lantana es perjudicial para otras plantas. Cuando las hojas, flores o frutos de esta especie caen al suelo, lo contaminan con moléculas venenosas para otras especies. Incluso las raíces de la propia lantana excretan sustancias herbicidas que dificultan o directamente impiden el crecimiento vegetal. El mismo lantadeno A que resulta mortal para animales, y su molécula gemela, el lantadeno B, también pueden serlo para las plantas. Se ha observado cómo estas sustancias afectan negativamente al desarrollo de varias especies vegetales. Esta propiedad que tienen las plantas para influenciar el desarrollo de otras es conocido como alelopatía. Y al tratarse de una influencia perjudicial, el caso de la lantana se considera una alelopatía negativa. Además de los lantadenos, esta especie contiene otros muchos compuestos tóxicos para otras plantas, muy útiles en su conquista por nuevos territorios.

Por si fuera poco, los deshechos de la lantana, como aquellos generados por la poda y el mantenimiento de esta planta, se degradan más rápido que los procedentes de especies nativas. Esto lleva a un desbarajuste nutricional para las bacterias, hongos y otros microorganismos habitantes del suelo. El suelo es su propio mundo, y cualquier alteración en los seres vivos que lo componen puede tener grandes consecuencias en las propiedades de esta rizosfera. Las plantas necesitan de una complicada red de interacciones biológicas para poder proliferar correctamente en el sustrato. Como todas las plantas, la lantana no puede migrar a zonas con mejores condiciones para asegurar su supervivencia. En su lugar, cambia el propio ecosistema en el que eche raíces para favorecer su éxito sobre el de otras plantas que puedan ser competidoras. La estrategia de esta planta se basa en rasgar esa red y tejer la suya propia[156].

Así, la lantana aserta su dominancia sobre el hábitat en el que consiga entrometerse. Es por ello que se considera en la actualidad como una planta invasora. Según la Unión Internacional para la Conservación de la Naturaleza (UICN), *Lantana camara* es una de las 100 especies alóctonas invasoras más peligrosas del mundo. En la actualidad tiene este estatus en 50 países, distribuyéndose desde Asia hasta el África subsahariana, pasando por Oceanía. En Europa solo se ha registrado su presencia como invasora en Italia, España y Portugal, aunque se prevé que con el agravio del cambio climático su área de dispersión se verá expandida. Y ya tenemos antecedentes del potencial destructor de esta planta. Desde su introducción en Australia en 1841, ha conquistado 4 millones de hectáreas. Diecisiete años después fue introducida en Sudáfrica, donde ahora ocupa 3 millones de hectáreas. Solo en Oceanía, su presencia ha puesto en jaque los hábitats de 83 especies autóctonas, varias de ellas amenazadas.

No solo las especies silvestres están amenazadas por su presencia. Varios cultivos humanos sufren grandes pérdidas cada año por la presencia de esta planta. Es así como se integra en plantaciones destinadas al pastoreo, intoxicando al ganado. Pero también es capaz de alterar la producción de café, té, caña de azúcar o algodón, entre otras[156].

La expansión de esta planta por su uso ornamental supone un gran riesgo para el equilibrio de ecosistemas nativos. Cuando esta planta abandona por accidente los ecosistemas artificiales donde se supone que deben crecer, como jardines botánicos o patios domésticos, se convierten en una severa amenaza para la biodiversidad. No solo las especies animales pueden escaparse de sus lugares de cautiverio y atentar contra poblaciones locales. Las plantas también pueden hacerlo, solo que de una forma mucho más discreta. Y, por ello, más peligrosa. Pero de alguna forma, toda esta evidencia queda eclipsada por el hecho de que es barata, se cuida sin complicaciones y tiene unas flores estupendas. ¿Qué más se puede pedir?

Existen plantas ornamentales que en la actualidad viven en una peculiar paradoja. Una vez conquistaron el planeta, pero cada vez sus números son menores. Escasean en sus hábitats naturales, pero abundan más y más en parques y jardines. Están cerca de la extinción, pero se encuentran extendidas por todo el globo. Proliferan gracias a la mano humana, pero su desaparición tiene una clara causa antropogénica. Sin embargo, a pesar de todas estas idas y venidas evolutivas siguen siendo tan feroces como en sus mismísimos orígenes.

Ya conocemos a las cícadas por el papel que han jugado en la alimentación de nuestra especie, pero nuestra relación con estas plantas no acaba aquí. Además de comernos sus semillas, también las usamos para embellecer nuestras zonas ajardinadas. El crecimiento de estas plantas es lento, convirtiendo su cultivo ornamental en una tarea de generaciones. Las cícadas son plantas extremadamente longevas, pudiendo vivir varios siglos e incluso alcanzar el milenio de edad. En el mercado, los ejemplares más viejos pueden alcanzar valores muy elevados, de varios cientos de euros. Es así como acaban decorando, a precio de oro, los jardines de sus verdugos.

Como ya he comentado, la especie más popular de cícada es la *Cycas revoluta*, más conocida como falsa palmera, planta de sago o sotetsu en Japón. Es en el país nipón donde se encuentra el hábitat natural de estas plantas, y también la tradición más antigua en el cultivo ornamental de estas. Al mismo tiempo que su consumo era un signo de pobreza, su presencia en casas o palacios simbolizaba riqueza y prosperidad. Esta especie de *Cycas* es considerada como una encarnación de muchos valores importantes en la cultura japonesa. Se trata de una planta resistente a sequías, incendios, enfermedades y otras catástrofes naturales, haciéndola un símbolo de la resiliencia tan apreciada en la tierra del sol naciente[121]. Pero sus firmes cuerpos escamosos, sus duras hojas pinchosas y sus resistentes semillas no son los únicos recursos que han conseguido llevar a este grupo de plantas tras varias extinciones masivas.

Lejos de sus áreas de distribución natural, las cicas han protagonizado desagradables eventos allá donde han sido plantadas. Como siempre, los más afectados son los animales domésticos. La gran mayoría de envenenamientos han sido registrados en perros, siendo los cuadros más graves aquellos en los que la parte consumida ha sido las semillas. En un estudio realizado con 130 perros accidentalmente intoxicados con *Cycas revoluta*, la ratio de mortalidad canina fue del 67 %, mucho más elevado que en otras especies ornamentales de naturaleza tóxica. Entre una y dos semillas de esta planta pueden ser suficientes para matar a un perro de tamaño medio, llevando a complicaciones nerviosas tales como convulsiones o coma[157]. En humanos, los casos de envenenamiento por esta planta son menos comunes, pero no por ello inexistentes. El Centro de Toxicología de Texas Sur recopiló todos los casos de exposición perjudicial a *Cycas revoluta* desde el año 2000 hasta el 2018. Hubo un total de 192 eventos registrados. El análisis reveló que el 56 % de estas exposiciones se dieron por ingesta (siendo la parte más consumida también la semilla), el 38 % por vía dérmica al ser pinchados con las hojas de la planta, y el peculiar 4 % restante por inhalación[158].

No es preciso llegar a consumir la planta para sufrir sus efectos ponzoñosos. La inhalación de polen en altas cantidades puede ser suficiente para desarrollar síntomas de envenenamiento. Estas plantas se diferencian por sexo. Ambos son venenosos, pero cada uno a su manera. Las cicas hembra son las productoras de las tóxicas semillas, pero las cicas macho liberan altas cantidades de polen cada época reproductora. Al tratarse de un linaje tan antiguo de plantas, sus métodos reproductivos no podían contar con animales polinizadores modernos. Principalmente porque aún no habían aparecido. Para conseguir dejar descendencia en estas condiciones, las cicas macho esparcen millones de granos de polen al aire, con la esperanza de que alguno consiga fecundar a una hembra. Los granos de polen producidos por las cícadas contienen altas cantidades de cicasina y BMAA. Al ser inhalados directamente de los conos masculinos entran en contacto directo con el epitelio nasal. Desde aquí, el transporte al tejido cerebral es una tarea sencilla, liberando su efecto neurotóxico. La exposición cronificada no solo podría ser la responsable del deterioro cerebral, sino también del tejido olfatorio, alterando el sentido del olfato en los animales afectados[116].

Por alarmante que pueda sonar, tener una, dos o incluso diez ejemplares macho de cicas en tu parcela no te va a volver loco. Sería necesaria una exposición muy prolongada a aire con alta carga polínica de esta planta para lograr tal efecto. Requisitos que solo cumplen aquellas zonas, como Guam, donde las cícadas proliferan con total libertad. Aunque es mejor evitar meter la nariz en estas plantas cuando están en pleno arranque de pasión.

Estas solo son algunas, pero en realidad, muchas otras especies decorativas esconden una potente naturaleza venenosa bajo su belleza. Los compuestos cianogénicos de las hortensias, los vomitivos metabolitos de las wisterias, los nocivos compuestos de narcisos, jacintos y lirios... En fin, el club de plantas tan bonitas como peligrosas tiene suficientes miembros como para llenar un estadio[159]. Y si piensas que tenerlas en nuestros jardines es una cosa de locos, espérate a descubrir a cuántas de ellas hemos invitado a la comodidad de nuestros hogares.

CAPÍTULO 17.

Selvas de salón

A partir de la revolución industrial los seres humanos comenzamos a pasar más tiempo en interiores, y cada vez menos de nosotros podemos permitirnos tener una parcela de tierra en la que poner plantas de cualquier tipo, lo que nos desvincula aún más del medio natural. Con la aparición de los ordenadores en las últimas décadas del siglo pasado, que nos trajo cosas tan maravillosas como el trabajo de oficina, se popularizó un tipo especial de planta decorativa: las plantas de interior. En eras pasadas el contar con jardines o invernaderos de interior era un lujo reservado a unos pocos. Pero gracias al avance de la tecnología, eso de tener plantas dentro de casa se ha convertido en algo accesible para todo el mundo.

A diferencia de las especies anteriormente mencionadas en este apartado, las plantas candidatas a ser parte de la oficina deben tener unos menores requerimientos de luz, una mayor tolerancia a la humedad y a sustancias químicas contaminantes. Por suerte para nosotros, este grupo de plantas ya existía antes de que decidiéramos inventarlas. No solo son plantas de fácil mantenimiento en interior, sino que su forma de crecer crea cascadas verdes o auténticas paredes vivas, haciéndolas un placer para la vista[160]. Con bajo presupuesto puedes crearte tu propia selva de salón, sin los peligros que traen los grandes depredadores o las posibles enfermedades infecciosas. Pero este ecosistema doméstico viene con sus propias advertencias.

La familia botánica más popular en este ámbito es la de las aráceas, a la que pertenecen plantas como los potos (*Epipremnum aureum*), las costillas de Adán (*Monstera deliciosa*), los anturios (*Anthurium spp.*), las zamioculcas (*Zamioculcas zamiifolia*)... Por lo general, estas plantas son baratas, y se reproducen con suma facilidad a través de esquejes. Requieren pocos cuidados y, al cultivarse en espacios cerrados (normalmente aclimatados para su uso humano), son viables en prácticamente todo el mundo, lejos de las regiones tropicales y subtropicales de las que proceden.

Estas plantas cuentan con un llamativo modo de defensa ante los herbívoros. Además de enzimas que degradan proteínas y otros metabolitos capaces de causar daño químico, las aráceas producen unos cristales en forma de aguja que se encargan del físico. Estos cristales, llamados rafidios entre la comunidad científica, están compuestos de oxalato cálcico. Este compuesto químico es de hecho común entre las plantas y empleado como una reserva de calcio, pero este grupo botánico le ha encontrado otra función[160].

A diferencia de la mayoría de plantas venenosas empleadas en decoración, las aráceas no solo pueden producir daños al cuerpo en la ingesta. En las especies con un mayor contenido en oxalato cálcico exponer a la piel o las mucosas a la savia de la planta puede generar desde irritación a reacciones severas de la piel.

Ejemplo de ello es *M. deliciosa*, cuyo nombre hace referencia a sus sabrosos frutos, la única parte comestible de esta planta. Eso sí, antes de consumirlos, mejor asegurarse de que están bien maduros. Si no, como el resto de sus órganos, te harán pasar un mal rato.

En intoxicaciones que involucran a especies de la familia, como aquellas de los géneros *Dieffenbachia* y *Alocasia*, el contacto de los labios con los fluidos de la planta herida provoca una sensación de quemazón intensa e inflamación. Y eso que figuran entre algunas de las especies de aráceas más populares. Si se consume, cosa que suele suceder en niños por los atractivos patrones de estas plantas, los rafidios se clavan como dardos en las mucosas de la boca, pudiendo generar así, además de la inflamación pertinente, úlceras. La quemazón no solo se limita a la boca, y no tarda mucho en expandirse a otras zonas del cuerpo. Como con otras plantas, el cuerpo responde con un aumento en la producción de saliva. Pero esto también facilita que los rafidios pasen a la garganta. La inflamación puede causar que el espacio que tiene el aire para llegar a nuestros pulmones se reduzca, apareciendo así la insuficiencia respiratoria. En los casos más extremos, la garganta llega a cerrarse. La disfagia, una pérdida parcial o total para tragar, también aparece, provocando molestias y que durante la recuperación el paciente no pueda alimentarse por su cuenta.

En su camino por nuestro cuerpo, las toxinas de estas plantas pueden inflamar las cuerdas vocales, causando afonía. Una vez en el estómago, aquellos envenenados con estas plantas comienzan a vomitar con intensidad. Algunos de ellos pueden contener sangrado, en parte por la sangre liberada en las heridas que estas plantas han causado en la parte superior del tracto digestivo. Otro síntoma común son las diarreas que, al igual que los vómitos, pueden contener sangrado[160, 161].

1

2

1. Hojas de *M. deliciosa*, con sus llamativos agujeros, conocidos como fenestraciones.
2. Las inflorescencias inmaduras y el resto del cuerpo de la planta almacenan rafidios de oxalato de calcio.

No solo afectan a los seres humanos. Animales de compañía como perros, gatos o aves son susceptibles a la toxicidad de estas plantas. Así que, si tienes mascotas, yo que tú consultaría con tu veterinario la posibilidad de comprarte esa planta tan chula que viste el otro día. Te puede ahorrar más de un susto.

Por mucho tiempo que pasemos en la actualidad entre cubículos de oficinas, laboratorios, cocinas, nuestras propias casas, quirófanos, talleres o cualquier entorno en el que desempeñemos nuestras actividades laborales, seguimos siendo el mismo animal que hace unas pocas decenas de miles de años rondaba de aquí para allá entre bosques y praderas. Puede parecer mucho tiempo, pero a escala evolutiva, ha sido solo un suspiro. Y siendo las plantas uno de los principales componentes del mundo que nos vio nacer, puedes imaginar la estrecha relación que nuestras vegetales compañeras y nosotros mantenemos incluso en la actualidad.

Gracias a numerosos estudios, sabemos que nuestra psicología está afinada para que la presencia de plantas nos resulte agradable. Al incluir plantas en nuestros espacios de interior se reduce la carga de CO_2 de estos, regulan su temperatura y capturan y metabolizan productos químicos que pueden resultar perjudiciales para nuestro organismo. Mas allá de los beneficios puramente físicos que tiene la presencia de plantas en nuestros hábitats sintéticos, también tienen impactos positivos en nuestra psique según diversas investigaciones. El estar en presencia de masas vegetales (ya sea en exterior o interior) reduce los niveles de estrés, mejora el estado de ánimo y provoca mejoras en el estado de bienestar subjetivo. Por si fuera poco, se ha registrado que las personas enfermas muestran una mejoría más significativa cuando son expuestas a jardines, bosques o cualquier otro entorno con una significativa presencia vegetal. Pacientes en recuperación tras intervenciones quirúrgicas experimentan periodos de hospitalización más cortos y un menor consumo de analgésicos al incluir cantidades significativas de plantas en sus habitaciones[162].

En ciertos contextos, no necesitamos que las plantas nos den algo tangible como alimento o materiales, o que sirvan como elemento recreativo o herramienta bélica. En ocasiones simplemente necesitamos coexistir con ellas. No quiero decir que debas arrancar todas esas adelfas que decoran tu patio o que tires esa *Alocasia* que tan bonita se te ha puesto. Solo advertir de que, más allá de servir para darle algo de vida a tu salón, las plantas son seres vivos que lucharán por su supervivencia con todo lo que tengan.

Pero eso no quita que convivir con ellas sea imposible. A veces, solo necesitamos estar rodeados de un poquito de verde, del mismo modo que llevamos haciendo desde que el primero de nuestros ancestros mamíferos apareció sobre este planeta. Eso sí, respetando siempre las distancias. No queremos que ninguno, ni planta ni animal, salga herido en el proceso.

PARTE VI

DE REMEDIOS Y ENFERMEDADES

«Veneno pa' tu piel».

Cristina Ortiz Rodríguez, «La Veneno».

CAPÍTULO 18.

Matar para sanar

Hace 1,7 millones de años, alguien pasaría uno de los peores dolores de muelas de la historia. Sin el alivio de los anestésicos modernos, las molestias provocadas por una caries o una fractura dental resultarían sumamente dolorosas. No sabemos exactamente a qué calvarios tuvo que sobrevivir este individuo, pero seguramente no serían pocos. Sus restos, hallados en la cueva de Dmanisi en Georgia, nos cuentan una curiosa historia: perdió todos los dientes antes de su muerte. Y no solo eso, ya que al parecer consiguió vivir varios años con todo tipo de condiciones bucales. No era humano, o al menos un humano moderno. Los primeros humanos anatómicamente modernos aparecerían hace unos 300 000 años. Sin embargo, la historia contada por sus restos demuestra que, en cierto modo, no era tan distinto a sus futuros parientes del género *Homo*.

Si aguantar el dolor de estas condiciones dentales puede parecer duro, no son nada comparado con el resto de problemas de salud que pueden desencadenar. En la actualidad sabemos que, sin la atención médica necesaria, pueden derivar en una dolorosa inflamación, infecciones muy graves, abscesos, problemas cardiovasculares e incluso algunos tipos de cáncer. ¿Cómo pudo entonces aguantar entonces este *Homo* primigenio?

Que su vida hubiera continuado tras todas estas dificultades puede haber sido resultado de una suerte increíble y de uno de los sistemas inmunitarios más envidiables de todo nuestro linaje. Un individuo tan poco optimizado, por decirlo de alguna manera, debería haber muerto por pura selección natural. Solo una fortuna desmedida le habría podido permanecer en el ecosistema. Pero hay otra opción. El individuo de Dmanisi habría hecho uso de un recurso más confiable que la suerte, y más poderoso que su propia inmunidad natural. Hace 1,7 millones de años nuestra especie aún no había aparecido. Pero la medicina ya lo había hecho[19].

La medicina es, seguramente, uno de los campos de conocimiento más respetados de la humanidad. A través de todas las culturas, las personas con cargos asociados a la curación siempre han gozado de una posición de privilegio social. Y no es de extrañar, ya que gracias a factores que están más allá de nuestra biología más fundamental podemos hacer frente a otras cosas que, de otro modo, nos matarían. No existe evidencia directa, pero la teoría más aceptable es que el individuo desdentado de Dmanisi, al igual que el resto de los suyos, ya empleasen anestésicos, antibióticos y antiinflamatorios para tratar lesiones dentales. Y las plantas son una excelente fuente de todos ellos.

Los biólogos, que, a diferencia de los médicos, gozamos de poco o nulo respeto en el mundo contemporáneo, hemos registrado el consumo de plantas con fines medicinales en grupos de animales tan distintos como los primates humanos, los no humanos, elefantes, rumiantes, aves e incluso insectos. La medicina, o al menos el uso de plantas medicinales, no es un rasgo exclusivamente humano. Podría decirse que se trata de un ejemplo de evolución convergente, que ha llevado a un montón de animales distintos a recurrir a las plantas para lograr el mismo objetivo: sobrevivir.

Seguramente los seres humanos, tanto los modernos como los anteriores a nosotros, usamos plantas con fines sanitarios desde nuestra aparición. Cómo comenzamos es difícil de saber. Podríamos dividir a las especies vegetales usadas por el ser humano en tres grandes grupos: plantas comestibles sin propiedades medicinales, plantas comestibles con propiedades medicinales y plantas no comestibles (potencialmente venenosas) con propiedades medicinales. Gracias al registro fósil sabemos que a medida que nos acercamos a nuestra época actual, el número de plantas potencialmente venenosas son más utilizadas con fines médicos que el resto. Esta evidencia resalta el sumo conocimiento que nuestros ancestros debían poseer de su entorno para reconocer a las especies aprovechables. Y estar advertidos de sus posibles efectos secundarios.

El principal incremento se dio en el Neolítico, momento en el que los primeros grupos humanos se aventuraban en la ganadería y la agricultura. La práctica de usar plantas medicinales puede encontrarse ahora en todos los grupos humanos, y la evidencia arqueológica apunta a que ha aparecido en distintos puntos de la historia y la geografía, siempre adaptándose a los recursos disponibles y las necesidades de la población[19].

Más de un décimo (cerca de 50 000) de las especies de plantas conocidas son empleadas como medicina de alguna forma. Por la naturaleza de este libro, me centraré en aquellas que además de prolongar la vida también pueden acortarla con suma facilidad. Pero las cifras son lo suficientemente ilustrativas como para destacar lo importantes que han sido las plantas en esto de mantenernos con vida.

Según la Organización Mundial de la Salud (OMS), más de un 85 % de la población mundial recure a la medicina tradicional y sus derivados, siendo las plantas uno de los principales recursos empleados. Se estima que, tan solo en la Unión Europea cerca de 100 millones de personas hacen uso de medicinas y/o tratamientos basados en plantas. Por no hablar de que en torno al 50 % de todos los fármacos actualmente en comercialización le deben su origen a organismos vegetales[163].

Podríamos pensar que, en nuestro pasado, la principal amenaza eran otros animales. Carnívoros hambrientos deseosos de convertirnos en su próxima comida, grandes herbívoros capaces de hundirnos el cráneo con un pisotón o pequeñas pero mortales criaturas con el veneno suficiente como para matar a varios adultos. Lo cierto es que el mayor peligro para la humanidad residía en seres muy pequeños. Tan pequeños que hasta hace unas pocas generaciones humanas fuimos incapaces de verlos.

Gusanos parásitos, protozoos, bacterias y hongos patógenos, virus... Todos ellos insignificantes a primera vista, pero perfectamente capaces de causar el colapso de nuestro organismo. Por supuesto, la naturaleza nos ha dotado de un sistema inmune para combatir este tipo de amenazas, una compleja maquinaria viva de miles de millones de años de refinamiento molecular perfecta para defendernos. Pero, a veces, simplemente se queda corto. Es ahí cuando recurrimos a las plantas, cuyos metabolitos especializados son capaces de llegar donde nuestra inmunidad innata no puede.

El descubrimiento y la producción a gran escala de la penicilina, un metabolito antibacteriano de origen fúngico, cambió para siempre la historia de la humanidad. Pero esto es solo una muy, muy pequeña parte de nuestra historia. En el momento en el que estoy escribiendo estas palabras, ni siquiera han pasado 100 años de tan importante hecho. Mucho antes de que esto sucediera, nuestra especie recurría al poder químico de las plantas para acabar con sus microscópicos y mortales enemigos.

En la Cueva de Las Palomas (Grotte des Pigeons), situada al este de Marruecos, encontramos posibles evidencias de uso de plantas venenosas como medicamento antibacteriano. Sus habitantes durante la última sección de la Edad de Bronce, los iberomauritanos, presentaban varios problemas dentales que los llevaban a consumir alimentos de origen vegetal con un elevado contenido en carbohidratos. Eran lo suficientemente nutritivos y blandos como para que sus maltratadas bocas pudieran procesarlos. Curiosamente, en este mismo yacimiento se hallaron varios restos pertenecientes al género *Ephedra*, y no parece que fueran un alimento habitual. La efedrina de esta planta no solo sirve como un estimulante para el sistema nervioso humano. Sabemos que también posee actividad antifúngica y antibacteriana, muy útil para evitar la propagación o desmejora de los dientes. No es seguro que las plantas de efedra fueran reconocidas por los iberomauritanos por estas cualidades medicinales, pero es una posibilidad que formase parte de su rudimentaria farmacopea[164].

También se tiene registro de que los antiguos habitantes de la Cueva de las Palomas practicaban la trepanación o, en otras palabras, la realización de agujeros en el cráneo con fines médicos o rituales. En este contexto, la efedra habría sido un importante elemento durante y después de este procedimiento. Su acción como vasoconstrictor hace que la pérdida de sangre sea menor, además de reducir el riesgo posterior de infección[164].

1

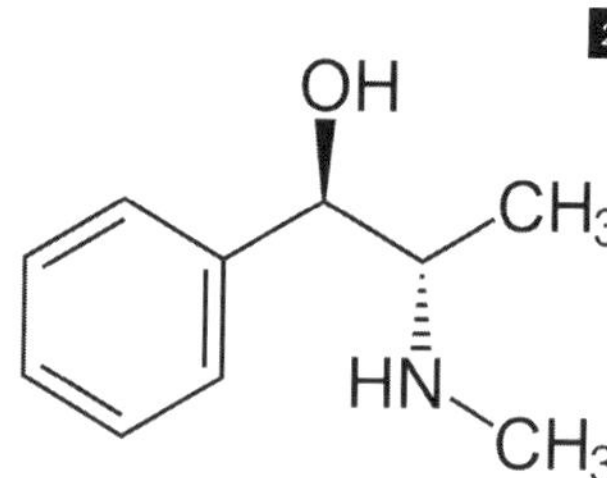

2

1. Imagen de *Ephedra distachya*. Las semillas de esta planta son carnosas, con forma globular y un color rojo llamativo.

2. Fórmula de la efedrina, principal metabolito de este género.

Plantas tan letales como el veneno de bosquimano, una de las primeras que te presenté en el libro, también han sido usadas por nuestra especie desde tiempos inmemoriales para combatir a las bacterias. Tradicionalmente, las plantas del género *Adenium* como *A. obesum* han sido usadas por un gran número de grupos étnicos para tratar infecciones de distinto tipo, desde cutáneas hasta venéreas. De todo su cuerpo, las flores parecen ser las partes de esta planta con una mayor capacidad para impedir la proliferación bacteriana. Han demostrado inhibir el crecimiento de *Pseudomonas aeuroginosa*, una especie capaz de afectar a humanos y plantas. Esta bacteria es especialmente agresiva en individuos inmunodeprimidos, como los pacientes de quimioterapia, conquistando principalmente sus vías respiratorias y el tracto genitourinario. También tiene efecto antibacteriano contra otras conocidas bacterias: *Staphylococcus aureus*, responsable de una amplia gama de infecciones, *Enterococcus faecalis*, una bacteria habitante del cuerpo humano que bajo ciertas condiciones puede acabar causando cuadros clínicos tan graves como la meningitis y *Escherichia coli*, seguramente la bacteria más conocida por el ser humano. Con ella no solo se han realizado una infinidad de estudios en áreas como la genética o la microbiología, sino que también es otra de esas habitantes habituales de nuestro sistema digestivo que, ante ciertas situaciones, puede causar diarreas que sin los cuidados necesarios pueden conducir a la muerte[165].

Si buscas el nombre de estas bacterias, llegarás a un terrible descubrimiento: cada vez son más resistentes a nuestros antibióticos. Ya desde la década de 1980 la comunidad científica avisaba de los posibles riesgos del uso inadecuado de los antibióticos que, por el momento, gozaban de su propia época dorada. Los antibióticos se recetaban con pocos miramientos, incluso en aquellos casos donde el paciente no los necesitaba, como sucede con las infecciones virales. Los antibióticos son fármacos que funcionan como venenos para bacterias. Bloquean su reproducción, las rompen desde dentro, impiden el funcionamiento de sus orgánulos... Las formas que tienen de ser efectivos son muchas y variadas, pero todos ellos están diseñados para actuar contra este grupo de seres vivos. No contra hongos o contra virus. La industria cárnica es otra de las responsables de esta crisis de los antibióticos. Para evitar que los animales destinados a consumo caigan enfermos y que empeore la calidad de su carne, se los suplementaba con antibióticos a diestro y siniestro. Muchas especies y cepas de bacterias quedaron expuestas a estos fármacos el tiempo suficiente como para desarrollar resistencia en pocas generaciones, pues su ciclo de vida es mucho más rápido que el nuestro. La industria farmacéutica tampoco ha apoyado la emergencia de nuevos antibióticos, sería invertir demasiado dinero sin saber realmente si van o no a tener algún tipo de éxito. Como resultado: estamos fastidiados.

A fecha de 2023 se registraron 700 000 muertes a causa de estas bacterias ultrarresistentes a antibióticos, y se espera que la cifra aumente hasta 10 millones para 2050 si no hacemos nada. Científicos de todo el mundo están buscando nuevas formas de combatir las enfermedades bacterianas provocadas por estos microorganismos a prueba de bombas, desde crear antibióticos de diseño o usar a los enemigos naturales de las bacterias, los virus bacteriófagos, para acabar con ellas. Otra alternativa que se ha vuelto bastante popular en las últimas décadas es la búsqueda de antibióticos efectivos que ya existan en la naturaleza. Y, como puedes imaginar, las plantas son una completa mina de oro[166].

Los conocimientos albergados en la medicina tradicional resultan sumamente útiles y, con la ayuda de la ciencia moderna, podemos comprobar la parte de verdad que hay o no en ellos, o cuán útiles pueden ser estos remedios frente a otras alternativas.

En la medicina tradicional de varias regiones europeas, desde los Balcanes hasta la Península Ibérica, los hipéricos (plantas del género *Hypericum*) son empleados por su capacidad para cicatrizar rápidamente la piel humana. La más empleada es la hierba de San Juan, *H. perforatum*, una hierbecita de flores amarillas y resina anaranjada que campa a sus anchas por todo el continente europeo. También sirve para evitar infecciones en casos de quemaduras, heridas, eccemas y otras condiciones cutáneas que nos expongan a las posibles bacterias patógenas[167].

Aunque contiene una larga lista de metabolitos que juegan un importante papel no solo en su defensa, sino también en su actividad medicinal en animales, los más destacados son la hipericina y la hiperforina. Al exponer a varias cepas de bacterias resistentes a estos metabolitos, se observó una notoria reducción en su crecimiento. La planta demostró capacidad antibiótica contra *E. faecalis* y *P. aeruginosa*, pero fue más agresiva contra *Klebsiella pneumoniae*, otro patógeno oportunista que ataca especialmente a neonatos, pacientes de UCI, diabéticos y personas con alcoholismo. Los extractos de *H. perforatum* parecen afectar a la pared protectora de algunas bacterias, rompiendo su integridad estructural y, en pocas palabras, cascándolas como un huevo. Aunque menos documentada, existe evidencia de que esta planta puede ser efectiva contra varias infecciones producidas por virus[168].

1

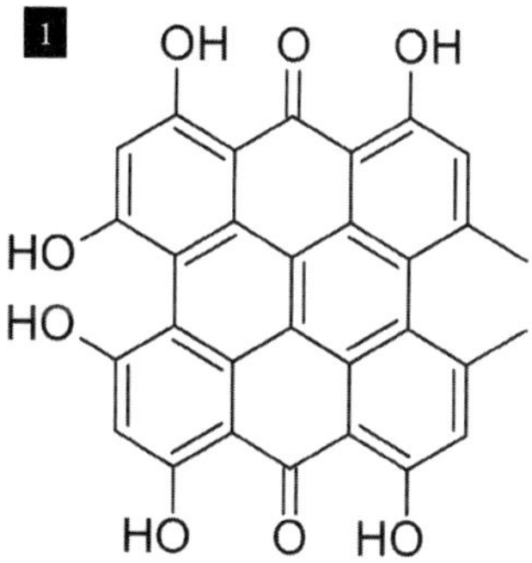

2

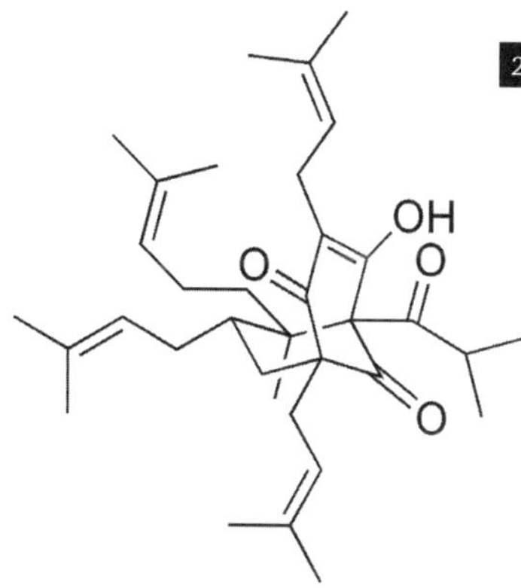

3

1 y 2. Hipericina (izquierda) e hiperforina (derecha), los principales metabolitos de *Hypericum perforatum* y el responsable de su actividad antibiótica.

3. Las motas oscuras de los pétalos de *Hypericum perforatum* están formadas por células acumuladoras de aceites, ricos en compuestos bioactivos.

La hierba de San Juan, que es así como se conoce popularmente en España, es considerada como una potente medicina siempre y cuando no se ingiera con regularidad. Puede servir para regular el sueño y en la medicina tradicional de varias regiones ha sido empleado como medicamento contra la depresión. En la actualidad, esta propiedad antidepresiva es atribuida a la hiperforina. Si para la parte más externa de nuestros cuerpos es un remedio, para la más interna suele ser sinónimo de enfermedad. La hipericina es un pigmento que, al ingerirlo, pasa a la piel, y si es expuesto a la luz provoca fotosensibilidad cutánea. La piel puede llegar a inflamarse, necrosarse y desprenderse de aquellos individuos que hayan tenido la mala idea de comérsela. Sí, la misma planta que te arregla la piel te la puede dejar para el arrastre si la consumes de la forma incorrecta. Pero aun así sigue siendo una poderosa aliada[167].

Hablando de plantas que provocan fotosensibilidad... ¿Recuerdas a la infame *Lantana camara*? Pues bien, los extractos de esta planta no solo son letales para estas bacterias ultrarresistentes, sino que también actúan de forma sinérgica con antibióticos ya conocidos. Sus hojas son efectivas contra cepas resistentes de *S. aureus, E. coli* y *Proteous vulgaris*, bacteria capaz de provocar desagradables obstrucciones del tracto urinario. Sus flores acaban con *E. fecalis,* y los metabolitos de la planta se vuelven más agresivos contra las bacterias al encontrarse en presencia de otros antibióticos como la estreptomicina o la tetraciclina[169].

Esta misma planta también presenta actividad contra otros organismos más grandes que, al igual que las bacterias, convierten nuestro cuerpo en su refugio y alimento. No es la única, y la toxicidad de varias especies de plantas contra distintos parásitos es conocida desde hace milenios. Aunque este caso es algo particular. *Onchocerca volvulus* es una especie de gusano nemátodo parásito de los seres humanos. Se estima que 37 millones de personas habitantes de las regiones tropicales de nuestro planeta están infectadas con este parásito, de las cuales más de un millón manifiestan la enfermedad conocida como ceguera de río. El ciclo vital de este parásito es bastante llamativo. Los adultos crean una especie de madriguera dentro de la piel humana, en la que residen hasta que mueren. Son bastante longevos, con una esperanza de vida de entre 10 a 15 años, causando molestias durante una importante parte de la vida de su víctima. Cuando mueren, los oncocercomas (que es como se llaman a estas madrigueras) se vuelven más fibrosos, quedando como quistes en la piel. A la larga causan condiciones tan molestas como dermatitis (que puede llegar a deformar a los pacientes) o picores insoportables, aunque estos últimos también se pueden producir cuando el adulto en vida se mueve dentro de la carne humana[170].

Y si crees que los adultos son molestos, aún no has conocido a sus descendientes. Las microfilarias son las formas infantiles de estos gusanos. Son tan pequeños que pueden desplazarse a través de la sangre, que usan como autopista para llegar a otras partes del cuerpo. Una de las zonas favoritas de asentamiento de las microfilarias son los ojos humanos, causando problemas en la visión a aquellos que las padecen. Se estima que 800 000 pacientes de oncocercosis (enfermedad parasitaria provocada por *O. volvulus*) padecen cegera en uno de los dos ojos en algún grado, mientras que unos 270 000 han perdido la vista de forma total en ambos. Al ser una enfermedad endémica de zonas categorizadas como pobres, esta crisis sanitaria ha sido tratada con gran negligencia. Existe un fármaco capaz de hacer frente a estos gusanos, la ivermectina, pero al igual que las bacterias se vuelven resistentes frente a los antibióticos tras décadas de bombardeo constante, también lo están haciendo los gusanos.

Por suerte, el lantadeno A encontrado en *L. camara* resulta sumamente tóxico para estos parásitos, pudiendo ser una posible solución a este problema de salud que atenta contra la calidad de vida de tantas personas cada año[170]. También ha resultado efectiva en la lucha contra otras enfermedades parasitarias como la leishmaniosis, causada por el protozoo que, si no mata a sus portadores, los deja desfigurados y discapacitados para el resto de su vida. Los abundantes terpenos encontrados en los tejidos de esta planta causan distintos tipos de daño celular en los protozoos, llevando a su rápida muerte sin causar muchas complicaciones a los pacientes[171]. El arco de redención que sin duda esta planta merece.

Sin duda alguna, de entre todas las enfermedades originadas por parásitos que alguna vez ha aterrorizado a nuestra especie destaca la malaria. Según la OMS, es la enfermedad infecciosa que más amenaza a la vida humana, con 216 millones de casos globalmente y 445 000 muertes cada año. Se estima que unas 250 000 son de niños[172]. Los seres humanos conseguimos eliminar la malaria en algunas regiones del mundo, como Europa o más recientemente Egipto, que fue declarado el 20 de octubre de 2024 como libre de malaria tras casi 6000 años de padecer esta enfermedad[173]. En la actualidad es una enfermedad propia de países en vías de desarrollo de regiones tropicales o subtropicales, pero varios científicos apuntan a que los cambios en los patrones climáticos previstos para las próximas décadas cambiarán su mapa de distribución. La malaria es producida por 5 de las 230 especies del género *Plasmodium*, como *P. falciparum, P. vivax, P. ovale, P. malariae* y *P. knowlesi. P. falciparum* es la especie más letal y la más predominante en África, cuyas poblaciones humanas son muy susceptibles a la enfermedad. La malaria es especialmente grave en mujeres embarazadas y niños, pero puede afectar a todos los grupos dentro de la población, independientemente del sexo o la edad. Los *Plasmodium* son parásitos obligados, por lo que dependen de otra forma de vida para sobrevivir. La malaria se transmite principalmente por la picadura de las hembras de los mosquitos *Anopheles*, quienes portan a las distintas especies causantes de la enfermedad. Una vez en el torrente sanguíneo humano viajan al hígado, y los síntomas tardan de media entre 10 y 15 días en aparecer. Los más comunes son dolores de cabeza, debilidad general, hemorragias anormales y fiebres intensas que, si no se tratan, pueden llevar a la muerte[172].

En Sudamérica, varias de las plantas venenosas empleadas en la fabricación del letal curare son usadas para paliar los síntomas de la malaria. *Abuta grandifolia, Ambelania duckei* o *Curarea toxicofera* han demostrado servir para rebajar las fiebres palúdicas y otros males que azotan a los enfermos de paludismo (el otro nombre con el que se conoce a la malaria)[174]. Uno de los primeros y más usados fármacos contra la malaria fue la quinina, procedente de la corteza de los arbustos del género *Cinchona*. Pero los *Plasmodium* acabaron desarrollando resistencia contra la quinina en la década de 1960, y las cifras de muertos comenzaron a ascender de nuevo. Por esa época, Vietnam decidió establecer contacto con la República de China para buscar ayuda. A pesar de estar en plena guerra con Estados Unidos, un gran número de bajas en sus filas no sucedían como consecuencia del conflicto armado. La responsable era esta nueva variedad de malaria resistente a la quinina. En 1969, el líder de la República Mao Zedong creó el programa secreto 523, en el que 50 institutos de investigación de toda la nación se lanzaron a la búsqueda de un remedio contra la nueva malaria. Al mando de esta misión se hallaba Tu Youyou, científica especializada en química vegetal[175]. Youyou recurrió a la medicina tradicional china en busca de esta cura, y tras analizar más de 2000 recetas, encontró lo que buscaba. La respuesta se encontraba en *Artemisia annua*, pariente de *Artemisia absinthium,* ingrediente principal de la absenta. Esta planta es productora del metabolito artemisinina, cuyo efecto contra los microorganismos causantes de la malaria es tan potente que en la actualidad es el fármaco principal en la lucha contra el paludismo. Su descubrimiento llevó a salvar unas 100 000 al año desde su producción a escala industrial, y a Youyou a ganar el premio Nobel de medicina en 2015[175].

1

2

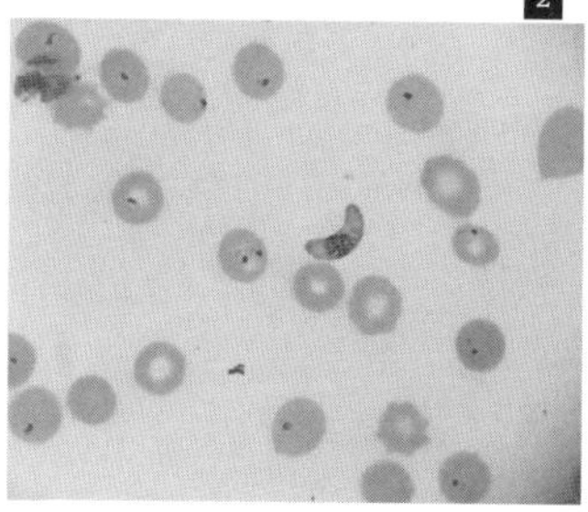

3

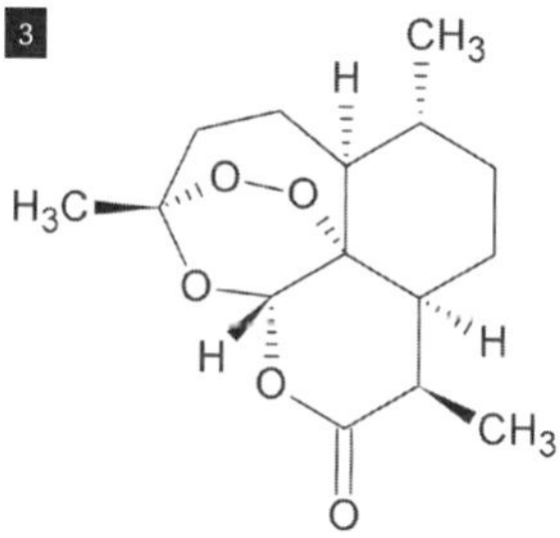

1. Fotografía de *Artemisia annua.*

2. Célula reproductiva de *Plasmodium falciparum,* uno de los plasmodios causantes del paludismo.

3. Artemisinina.

Pero la guerra no ha terminado. Como consecuencia de este galimatías evolutivo del que humanos, patógenos y plantas formamos parte, están comenzando a aparecer nuevas cepas de *Plasmodium* inmunes a la artemisinina, lo que podría llevar a un aumento en las muertes por paludismo a niveles previos a su descubrimiento.

Sin duda alguna, las amenazas biológicas nos tienen acorralados. Bacterias, virus, gusanos parásitos, protozoos y una larga ristra de organismos están consiguiendo burlar nuestras defensas a tiempo de récord. Pero los humanos somos una especie muy joven. Y las plantas que nos rodean ya se han enfrentado a amenazas como estas en su complicada y ponzoñosa historia contra parásitos y patógenos. Quién sabe, quizá la solución está ahí fuera. Esperando en una hoja, fruto, flor o semilla a ser descubierta. Solo el tiempo dictará quién resulta el ganador de esta carrera armamentística. Pero si queremos tener una mínima posibilidad, más nos vale empezar a correr.

CAPÍTULO 19.

Dame veneno que quiero vivir

Desde nuestros orígenes, los seres humanos hemos conseguido superar barreras tan altas que parecían inalcanzables. Y estas hazañas se deben, en parte, a la ayuda química provista por nuestras compañeras fotosintéticas. No obstante, nuestro horizonte está repleto de retos. Armas biológicas que pueden suponer nuestra autodestrucción, plagas, parásitos y patógenos cada vez más resistentes a nuestras mejores herramientas para combatirlos, cultivos vulnerables a las nuevas amenazas... Sin duda, la lista es larga. Pero también lo es nuestra historia contra la adversidad.

Es curioso pensar que una de estas dificultades presentes y futuras nazca de nuestro propio cuerpo, como resultado de nuestra propia biología. El destino de todo ser vivo, desde los animales hasta las plantas, pasando por bacterias, hongos y, en definitiva, cualquiera que haya formado parte de nuestro planeta, es claro: morir. Sin la muerte, la vida no podría existir. Y las relaciones ecológicas que unen a los vivos con los muertos son tan complejas que en muchas ocasiones es difícil saber cuándo acaba una y cuándo empieza la otra.

Aun así, en ocasiones la vida desafía sus propias leyes, y bajo ciertas condiciones puede llegar a conquistar a la propia muerte. Volverse inmortal. En los animales, nuestras células están programadas para morir de forma periódica, lo que conocemos como apoptosis, una forma de suicidio programado que está escrito en su propio código genético.

De esta forma evitamos que las células vivan más allá de su capacidad útil, lo que llevaría a errores en el funcionamiento de nuestro cuerpo y eventualmente a la muerte. Por suerte, las instrucciones son claras: una célula no debe consumir más recursos de los que necesita, una célula no debe reproducirse más de lo estrictamente requerido por el organismo, una célula debe autodestruirse si su ADN sufre daños graves...

Pero, por increíble que parezca, nuestras células son capaces ignorar estas instrucciones y traspasar las barreras de seguridad como si no estuvieran allí. Es así como aparece la inmortalidad. Y también el cáncer[176].

El cáncer es una de las condiciones médicas más extendidas en el mundo. Es la segunda causa de muerte en el mundo tras las enfermedades cardiovasculares y, para nuestra desgracia, las cifras de nuevos casos están en alza. En 2020, los nuevos diagnósticos se dispararon hasta 19,3 millones y se registraron unos 10 millones de muertes causadas por la enfermedad. Para 2040, se espera que 28,4 millones de personas sean diagnosticadas con cáncer al año. Desde 1990 hasta ese mismo año la incidencia casos de cáncer prematuros aumentó un 79,1 %, y las muertes un 27,7 %. En la actualidad estamos constantemente expuestos a factores que aumentan nuestra posibilidad de desarrollar cáncer. El primero de ellos es simplemente seguir vivo, ya que la edad es uno de los principales factores de riesgo. Estar en contacto directo con sustancias químicas carcinógenas, como es el tabaco al que tan adictos somos, es otro de ellos. Incluso romper nuestros ciclos de sueño, como sucede al trabajar en turnos nocturnos, puede hacer que en la lotería del cáncer acabemos sacando la papeleta ganadora[176, 177].

Desde el punto de vista de la biología evolutiva, el cáncer es un fenómeno sumamente curioso. Se trata de células que se saltan las normas de la vida misma para evitar la muerte a toda costa. Ni mueren por sí mismas ni se dejan eliminar por nuestro sistema inmune o los otros muchos mecanismos que tenemos para deshacernos de ellas. Pero el remedio acaba siendo peor que la enfermedad, y eventualmente terminan muriendo al provocar el colapso del organismo del que proceden. Estas células rebeldes pueden aparecer en una gran variedad de órganos y tejidos: el útero, el colon, la piel, la próstata, la lengua, los ovarios, los pulmones, el hígado, el páncreas o incluso el cerebro, por nombrar algunos. Y cada uno cuenta con unas características propias, lo que convierten su tratamiento y seguimiento en una tarea difícil. Las células del cáncer crecen sin control, y para ello necesitan un aporte constante de recursos. Pueden incluso llegar a crear nuevos vasos sanguíneos para satisfacer sus necesidades metabólicas, y también conquistar nuevos tejidos para proliferar allí. Esto último es lo que conocemos como metástasis. Ante este escenario, los órganos del cuerpo afectados por el cáncer no son capaces funcionar correctamente, por lo que el paciente acaba falleciendo. La máxima expresión de vida, por así decirlo, nos conduce a una irremediable muerte[176].

Por muy desolador que pueda parecer el panorama, los seres humanos también nos hemos vuelto más eficaces en luchar contra esta condición. No solo iban a hacerse más resistentes las bacterias y los parásitos. Nosotros también podemos jugar al mismo juego.

De entre todos los métodos que existen para tratar los distintos tipos de cáncer, la quimioterapia es uno de los más conocidos. Se basa en la administración de compuestos químicos en el cuerpo para afectar a las células cancerosas de alguna manera. Ciertos anticancerígenos cortan la comunicación entre las células sanas y las tumorales para que no les ayuden a crecer. Algunos impiden que el tumor siga creciendo al frenar el ciclo que permite a las células dividirse. Otros hacen que no se propague por el cuerpo. Existen también fármacos que atacan directamente al tumor, provocándole la muerte de la que tan desesperadamente escapan. La lista, por suerte para nosotros, es larga. Cuanto más conocemos al cáncer, más sabemos dónde atacar. Y cuanto más conocemos a las formas de vida que nos rodean, más herramientas descubrimos para hacerlo.

Actualmente, cerca de un 50 % de los fármacos antitumorales disponibles en el mercado proceden de seres vivos. Estos fármacos pueden ser naturales (es decir, el metabolito tal cual se encuentra en el medio salvaje) o semisintéticos (metabolitos con ciertas modificaciones químicas para, por ejemplo, aumentar su eficacia o reducir sus efectos secundarios). Existen muchos esfuerzos por descubrir nuevos compuestos con capacidad antitumoral, y en la naturaleza encontramos un amplio repertorio de moléculas que pueden ayudarnos a hacer frente al cáncer. Muchas de ellas funcionan como mecanismos defensivos en sus organismos de origen, y han sido perfeccionadas para matar a posibles amenazas millones de años antes siquiera de que nosotros comprendiéramos lo que es el cáncer[176]. Y, si has llegado hasta aquí, sabrás que en eso de dar muerte las plantas son unas completas profesionales.

Dentro de los fármacos anticancerígenos de origen natural, una parte importante, como te puedes imaginar, procede de plantas. Y cada año se descubren nuevos. Hablar de todos ellos sería imposible, así que me limitaré a citar a algunos de los más conocidos y que o bien ya se están usando en pacientes o bien son unos prometedores candidatos a ello.

En la década de 1960 se aprobó el uso de dos alcaloides vegetales como fármacos anticancerígenos: la vincristina y la vinblastina. Estos metabolitos proceden de *Catharanthus roseus*, una apocinácea autóctona de Madagascar empleada como medicina tradicional y elemento decorativo desde hace siglos. En India es usada para tratar las infecciones bacterianas, las enfermedades parasitarias y la diabetes (entre otros). Popularmente conocida como vinca, los extractos de esta planta han resultado útiles contra algunos de los llamados «tumores sólidos», especialmente el cáncer de pulmón, de pecho y de colon. No obstante, es más famosa por su empleo en «tumores líquidos», como son distintos tipos de leucemia y algunos linfomas. Ha sido particularmente empleada en leucemias infantiles. Estos metabolitos inhiben la polimerización de los microtúbulos, unos hilos microscópicos que componen el esqueleto de nuestras células (citoesqueleto) y que además de darle forma a las mismas, coordinan los movimientos que se dan en su interior. Un proceso importante que requiere del pleno rendimiento de los microtúbulos es la división de la célula, especialmente el momento en el que la célula madre divide sus cromosomas entre las dos células hijas. Al impedir que los distintos componentes de estos microtúbulos se ensamblen correctamente, la célula cancerosa queda congelada en esta etapa, y eventualmente muere a causa de una apoptosis inducida por las toxinas. Su administración debe realizarse con mucha cautela, ya que no solo afecta a las células cancerosas y también puede bloquear la división de células completamente sanas. Es así como aparecen los efectos secundarios más comunes, como la pérdida de pelo o una supresión de las células de la médula ósea, encargadas de generar nuevas células sanguíneas[178].

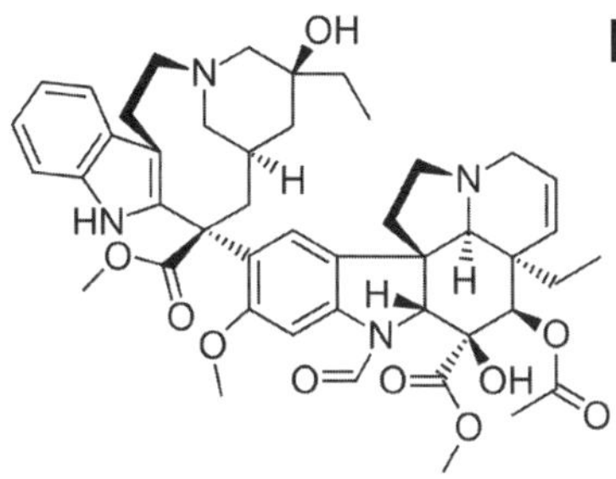

1

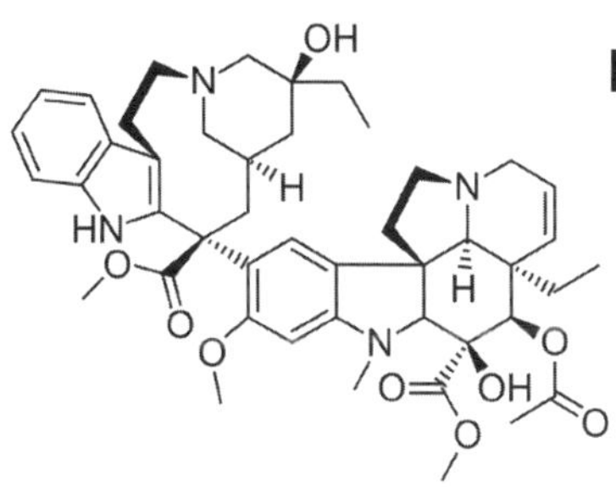

2

3

1 y 2. Fórmula de la vincristina (arriba) y la vinblastina (debajo), fármacos anticancerígenos de *Catharanthus roseus*.

3. *Catharanthus roseus*.

Similar en su modo de actuación, las plantas del género *Taxus* son ampliamente empleadas contra varios tipos de cáncer, especialmente de colon y pecho, donde han dado muy buenos resultados. Durante mi máster tuve el placer de trabajar con estas plantas, unas viejas conocidas de la humanidad por su toxicidad a la que ahora se les ha dado un interesante giro terapéutico. La molécula de mayor relevancia médica es el paclitaxel, comercializado bajo el nombre de taxol y extraído de la corteza de estos maravillosos árboles. El paclitaxel es un pseudoalcaloide diterpénico que, en lugar de impedir la polimerización de los microtúbulos, los vuelve incapaces de despolimerizarse. No pueden deshacerse para adoptar nuevas conformaciones, necesarias para mantener el funcionamiento de la célula. De nuevo, este bloqueo deriva en apoptosis. *T. brevifolia, T. baccata* o *T. chinensis* son algunas de las especies implicadas en su producción, aunque los metabolitos de interés oncológico se encuentran en otras muchas más. Incluso plantas fuera del género, como *Polylepis neglecta* o *Gingko biloba* también tienen la maquinaria celular necesaria para sintetizarla[177].

Una de las primeras plantas tóxicas que apareció en el registro arqueológico vinculada con la actividad humana está recibiendo especial atención ahora, 24 000 años después de este presunto primer contacto[26]. La capacidad del mortal ricino para inhibir la acción de los ribosomas lo convierte en un gran candidato para ser usado en la clínica. Pero la ricina, su toxina principal, no entiende de tipos celulares, por lo que causa estragos allá donde vaya. Una solución que se ha encontrado a este problema es modificar la ricina para que actúe como un misil teledirigido contra los tumores. Los anticuerpos, como los que nuestro cuerpo produce ante una infección, son sumamente específicos y solo se unen a aquellas moléculas que presentan una elevada afinidad con ellos. Al unir un anticuerpo antitumoral a la ricina, su atención se centra única y exclusivamente en las células cancerígenas, convirtiéndola en un fármaco más seguros. La quimioterapia basada en ricino aún necesita muchos avances para ser llevada a la clínica, y aún hay muchos problemas que solucionar para que la acción de la toxina sea lo suficientemente potente como para matar al cáncer pero no tanto como para llevarnos a nosotros por delante[179]. Quién sabe si, de aquí a unas décadas, pacientes de todo el mundo reciban el veneno de esta planta con buen agrado.

Por comunes y corrientes que puedan parecer, algunas plantas de uso cotidiano también están siendo investigadas por su interés en oncología. La α-solanina ha demostrado ser efectiva contra varias líneas cancerígenas distintas (entre ellas el melanoma, el cáncer de próstata, el de hígado y el colorrectal), induciendo su muerte por una amplia variedad de mecanismos. Al igual que los metabolitos del tejo y la vinca, la solanina de las patatas produce un arresto celular (es decir, un bloqueo de la división de la célula) que deriva en apoptosis, impide la formación de los nuevos vasos sanguíneos, cortando así el suministro de nutrientes de los tumores, evita que se disgreguen y causen metástasis... Uno de los rasgos de la α-solanina que la hacen particularmente interesante es su capacidad para actuar sobre tumores resistentes a la mayoría de fármacos comerciales, cuyas células acaban muriendo por una autofagia desmedida. Esta resistencia sucede en primer lugar porque, en un tumor, las células no son todas iguales. Los tumores son poblaciones heterogéneas compuestas por varios grupos de células, y lo que puede matar a unas puede ser completamente inofensivo para otras. Lo que hacen moléculas como la α-solanina es recurrir a la propia maquinaria de la célula para que se dé su propio final. La autofagia es un proceso normal y necesario en nuestras células, en el que básicamente se descomponen componentes de células para obtener recursos en condiciones de escasez o porque directamente han dejado de funcionar. Cuando la autofagia se descontrola, puede acabar matando a la propia célula. Un escenario indeseado en otros tipos de células, pero, en el caso del cáncer, es más que bienvenido[180].

Por su parte, plantas comunes en decoración como las adelfas o las dedaleras están produciendo llamativos resultados en ensayos experimentales. Estas plantas tóxicas para el corazón de los animales eran conocidas en la medicina tanto tradicional como moderna por, irónicamente, sus propiedades para estabilizar a los pacientes de fallos cardiacos y otras patologías relacionadas con los músculos del corazón. De hecho, se tiene registro de que ambas plantas eran empleadas en la Edad Media europea para tratar tumores. Lejos de ser creencias sin fundamento, estudios experimentales recientes han demostrado su efectividad para tratar el cáncer. La oleandrina de la adelfa y la digitoxina de la dedalera son tan similares molecularmente que, en el cuerpo, se comportan de una forma similar. Y no solo para parar corazones, también para ayudarnos a combatir al cáncer. Ambos glucósidos inducen la apoptosis en células tumorales y las hacen más vulnerables a otros tipos de terapias, como la radioterapia.

Sin embargo, ambas moléculas presentan elevada toxicidad, y al igual que el ricino, necesitan de futuras investigaciones para que puedan usarse en pacientes con todas las seguridades garantizadas. Por suerte, el camino hacia ese futuro ya ha comenzado[148].

Las investigaciones en busca de nuevos fármacos no solo han sido útiles para los médicos que los recetan o para los pacientes que los reciben. Para los científicos de la vida estos descubrimientos han dejado de manifiesto que la variedad bioquímica de nuestra flora es mucho mayor de lo que pensábamos, y que muchas más especies de las que originalmente teníamos consciencia pueden ser muy útiles desde el punto de vista médico. Y sí, esto puede sonar muy bonito para los humanos, pero quizá no tanto para las plantas. ¿Cuántas plantas se necesitarían para satisfacer la demanda mundial de anticancerígenos en caso de que sean efectivos? ¿Cuántas vidas vegetales habría que segar para alargar la humana?

Lo cierto es que, si tratásemos de obtener todos estos fármacos de las plantas como tradicionalmente se ha hecho, el resultado sería una hecatombe ecosistémica. Necesitaríamos hectáreas enteras para producir plantas de uso exclusivamente medicinal, y algunas de ellas (como los tejos) pueden tardar décadas en crecer hasta alcanzar la cantidad de biomasa suficiente como para que sean aprovechables[39]. Por no hablar de los desastres que implicaría recurrir a la recolección de ejemplares silvestres, o la inabarcable cantidad de agua, fertilizantes y otros recursos que necesitaríamos para mantener a estos cultivos. Por suerte, tenemos más opciones.

Gracias a nuestros avances en el conocimiento de la vida vegetal, hemos llegado al punto de poder producir estos fármacos a gran escala sin siquiera tocar a la planta de la que proceden. Podemos extraer células de las plantas vivas como si de una biopsia se tratase, y reproducirlas en el laboratorio de forma artificial durante generaciones. Cambiando las condiciones en las que estas células vegetales crecen podemos predisponerlas a sintetizar los compuestos que más nos interesen. Las células funcionan como fábricas vivas, y en muchos escenarios este es uno de los métodos de producción más eficientes porque nuestra tecnología actual difícilmente puede superar la manera en la que la maquinaria bioquímica de estos organismos funciona para sintetizar metabolitos secundarios, especialmente si hablamos de moléculas complejas como los taxanos, la ricina o los alcaloides de la vinca. Estos métodos no solo resultan más respetuosos con las plantas, también son más clementes con el medio ambiente y nos permiten producir metabolitos a un ritmo y eficacia sin precedentes conocidos[181].

Beneficiarnos de los preciadísimos recursos que nos ofrecen las plantas sin perturbar su desarrollo suena casi a ciencia ficción, pero es una clara realidad. Puede parecer que no pero, más allá de lo meramente productivo, este tipo de métodos son sumamente importantes para volver a establecer ese respeto a la naturaleza que tan notorio era en nuestros ancestros. Reconocer la importancia que tienen las plantas en nuestra salud, aunque sea por puro antropocentrismo, nos ayuda a poner en valor a estos maravillosos seres. Aquí yacen las semillas de ese futuro que merecemos. Tanto las plantas como nosotros. Espero que, con los cuidados apropiados, puedan crecer hasta algo mucho más grande.

BIBLIOGRAFÍA

Regaliz americano
Lirio persa
Acebo
Anémona
del bosque
Tejo
Adelfa

1. Leitzmann, C. (2014). Vegetarian nutrition: past, present, future 123. The American journal of clinical nutrition, 100, 496S-502S.

2. Angie Martoccio. 2019. Revisiting the Weird World of Seventies Plant Music. *https://www.rollingstone.com/music/music-news/1970s-plant-musicplantasia-925159/*

3. Knudsen, C., Gallage, N. J., Hansen, C. C., Møller, B. L., & Laursen, T. (2018). Dynamic metabolic solutions to the sessile life style of plants. Natural product reports, 35(11), 1140-1155.

4. Du, B., Haensch, R., Alfarraj, S., & Rennenberg, H. (2024). Strategies of plants to overcome abiotic and biotic stresses. Biological Reviews, 99(4), 1524-1536.

5. Javed, T., Shabbir, R., Ali, A., Afzal, I., Zaheer, U., & Gao, S. J. (2020). Transcription factors in plant stress responses: Challenges and potential for sugarcane improvement. Plants, 9(4), 491.

6. Kessler, A., & Kalske, A. (2018). Plant secondary metabolite diversity and species interactions. Annual Review of Ecology, Evolution, and Systematics, 49(1), 115-138.

7. Arnao, M. B., Cano, A., & Hernández-Ruiz, J. (2022). Phytomelatonin: an unexpected molecule with amazing performances in plants. Journal of Experimental Botany, 73(17), 5779-5800.

8. Ashirova, Z. Z., Kuzhantaeva, Z. Z., Rakhimova, Z. S., Kuraspayeva, A. Z., Abdrassulova, Z. T., & Shaimerdenova, G. Z. (2018). Changes in the taxonomy based on phytochemistry of the species of the Rose family (Rosaceae). Journal of Pharmaceutical Sciences and Research, 10(12), 3261.

9. Feng, Y., Khokhar, S., & Davis, R. A. (2017). Crinoids: Ancient organisms, modern chemistry. Natural product reports, 34(6), 571-584.

10. Weingart, C., Hartmann, A., & Kohn, B. (2021). Chocolate ingestion in dogs: 156 events (2015–2019). Journal of Small Animal Practice, 62(11), 979-983.

11. Friedman, M. (2006). Potato glycoalkaloids and metabolites: roles in the plant and in the diet. Journal of agricultural and food chemistry, 54(23), 8655-8681.

12. Doesburg-van Kleffens, M., Zimmermann-Klemd, A. M., & Gründemann, C. (2023). An overview on the hallucinogenic peyote and its alkaloid mescaline: The importance of context, ceremony and culture. Molecules, 28(24), 7942.

13. Polito, L., Bortolotti, M., Battelli, M. G., Calafato, G., & Bolognesi, A. (2019). Ricin: An ancient story for a timeless plant toxin. Toxins, 11(6), 324.

14. Gough, C. M., Curtis, P. S., Hardiman, B. S., Scheuermann, C. M., & Bond Lamberty, B. (2016). Disturbance, complexity, and succession of net ecosystem production in North America's temperate deciduous forests. Ecosphere, 7(6), e01375.

15. Shumaker, R. W., Walkup, K. R., & Beck, B. B. (2024). Animal tool behavior: the use and manufacture of tools by animals. JHU Press.

16. Beery, T., Stahl Olafsson, A., Gentin, S., Maurer, M., Stålhammar, S., Albert, C., & M. Raymond, C. (2023). Disconnection from nature: Expanding our understanding of human–nature relations. People and Nature, 5(2), 470-488.

17. Garrard, G. (2012). Worlds without us: Some types of disanthropy. SubStance, 41(1), 40-60.

18. Caldararo, N. (2002). Human ecological intervention and the role of forest fires in human ecology. Science of the Total Environment, 292(3), 141-165.

19. Hardy, K. (2021). Paleomedicine and the evolutionary context of medicinal plant use. Revista Brasileira de Farmacognosia, 31, 1-15.

20. Lombard, M. (2020). The tip cross-sectional areas of poisoned bone arrowheads from southern Africa. Journal of Archaeological Science: Reports, 33, 102477.

21. Isaksson, S., Högberg, A., Lombard, M., & Bradfield, J. (2023). Potential biomarkers for southern African hunter-gatherer arrow poisons applied to ethno-historical and archaeological samples. Scientific reports, 13(1), 11877.

22. Ahmed, S. K., Versiani, M. A., Ikram, A., Sattar, S. A., & Faizi, S. (2017). Cytotoxic cardiac glycosides from the fruit (pods) of *Adenium obesum* (Forssk.) Roem. & Schult. Natural Product Research, 31(10), 1205-1208

23. Mebs, D., Wagner, M. G., Toennes, S. W., Wunder, C., & Boppré, M. (2012). Selective sequestration of cardenolide isomers by two species of *Danaus* butterflies (Lepidoptera: Nymphalidae: Danainae). Chemoecology, 22, 269-272.

24. Wooding, M., Bradfield, J., Maharaj, V., Koot, D., Wadley, L., Prinsloo, L., & Lombard, M. (2017). Potential for identifying plant-based toxins on San hunter-gatherer arrowheads. South African Journal of Science, 113(3-4), 1-10.

25. Hua, J., Liu, Y., Xiao, C. J., Jing, S. X., Luo, S. H., & Li, S. H. (2017). Chemical profile and defensive function of the latex of *Euphorbia peplus.* Phytochemistry, 136, 56-64.

26. d'Errico, F., Backwell, L., Villa, P., Degano, I., Lucejko, J. J., Bamford, M. K., & Beaumont, P. B. (2012). Early evidence of San material culture represented by organic artifacts from Border Cave, South Africa. Proceedings of the National Academy of Sciences, 109(33), 13214-13219.

27. García-Mozo, H. (2024). Evaluation of the Presence, Frequency, and Distribution Range of Vegetal Invasive Alien Species in an Urban Area of Southern Spain.

28. Langley, M. C., Prendergast, M. E., Shipton, C., Quintana Morales, E. M., Crowther, A., & Boivin, N. (2016). Poison arrows and bone utensils in late Pleistocene eastern Africa: evidence from Kuumbi Cave, Zanzibar. Azania: Archaeological Research in Africa, 51(2), 155-177.

29. Philippe, G., Angenot, L., Tits, M., & Frédérich, M. (2004). About the toxicity of some *Strychnos* species and their alkaloids. Toxicon, 44(4), 405-416.

30. Arias, M. H., Vallejo, G. A., & Garavito, G. (2021). Trypanocidal activity of traditional antiparasitic medicinal plants from the Amazon. Pharmacognosy Research, 13(4).

31. Malca Garcia, G. R., Hennig, L., Shelukhina, I. V., Kudryavtsev, D. S., Bussmann, R. W., Tsetlin, V. I., & Giannis, A. (2015). Curare alkaloids: constituents of a Matis dart poison. Journal of natural products, 78(11), 2537-2544.

32. Fundación para la Promoción de la Cultura Ainu. (2017). The Ainu: Indigenous people of Japan. *https://web.archive.org/web/20220415090233/https://www.ff-ainu.or.jp/about/files/sem1707.pdf.* Revisado por ultima vez el 21/04/2025

33. Varela, C., Silva, F., Costa, G., & Cabral, C. (2023). Alkaloids: Their relevance in cancer treatment. In New Insights Into Glioblastoma (pp. 361-401). Academic Press.

34. Chan, T. Y. (2009). Aconite poisoning. Clinical toxicology, 47(4), 279-285.

35. Osborn, A. J. (2004). Poison hunting strategies and the organization of technology in the circumpolar region.

36. Osborn, A. J. (2016). Paleoindians, proboscideans, and phytotoxins: exploring the feasibility of poison hunting during the last glacial-interglacial transition. Journal of Ethnobiology, 36(4), 908-929.

37. Eslami, E., Siamian, H., Rezaei Orimi, J., Aghabeiglooei, Z., Salimi-Sabour, E., & Amrollahi-Sharifabadi, M. (2024). Pattern of bioterrorism in ancient times: lessons to be learned from the microbial and toxicological aspects. Wiener Medizinische Wochenschrift, 174(13), 288-298.

38. Wexler, P. (2014). History of toxicology and environmental health: toxicology in antiquity II. Academic Press.

39. Thomas, P., & Garcia-Marti, X. (2015). Response of European yews to climate change: a review. Forest Systems, 24(3), eR01-eR01.

40. Grobosch, T., Schwarze, B., Felgenhauer, N., Riesselmann, B., Roscher, S., & Binscheck, T. (2013). Eight cases of fatal and non-fatal poisoning with *Taxus baccata*. Forensic science international, 227(1-3), 118-126.

41. Backwell, L., Bradfield, J., Carlson, K. J., Jashashvili, T., Wadley, L., & d'Errico, F. (2018). The antiquity of bow-and-arrow technology: evidence from Middle Stone Age layers at Sibudu Cave. antiquity, 92(362), 289-303.

42. Bradfield, J., Lombard, M., Reynard, J., & Wurz, S. (2020). Further evidence for bow hunting and its implications more than 60 000 years ago: Results of a use-trace analysis of the bone point from Klasies River Main site, South Africa. Quaternary Science Reviews, 236, 106295.

43. Bradfield, J., Lombard, M., & Wadley, L. (2015). Southern African arrow poison recipes, their ingredients and implications for Stone Age archaeology. Southern African Humanities, 27(1), 29-64.

44. Gaillard, Y., Regenstreif, P., & Fanton, L. (2014). Modern toxic antipersonnel projectiles. The American journal of forensic medicine and pathology, 35(4), 258-264.

45. Dalley, S. (Ed.). (1998). Myths from Mesopotamia: creation, the flood, Gilgamesh, and others. Oxford University Press, USA.

46. Borgia, V. (2019). The prehistory of poison arrows. In Toxicology in antiquity (pp. 1-10). Academic Press.

47. Liu, S., Li, F., Li, Y., Li, W., Xu, J., & Du, H. (2017). A review of traditional and current methods used to potentially reduce toxicity of *Aconitum* roots in Traditional Chinese Medicine. Journal of Ethnopharmacology, 207, 237-250.

48. Ushang, U., & Jiu, J. (2024). Study on Traditional Botanical Knowledge of the Tuva Mongolians in Xinjiang, China.

49. Hurtado de Mendoza, D. (1990). Guerra de Granada hecha por el Rey D. Felipe II.

50. Cuny, E. (2023). Bioactive Ingredients of *Helleborus niger* L.(Christmas Rose): The Renaissance of an Old Medicinal Herb—A Review. Natural Product Communications, 18(9), 1934578X231201053.

51. Müller, M. B., Stintzing, F. C., Manukyan, A., & Schink, M. (2023). Comparison of cytotoxicity, saponin, and protoanemonin contents of medicinal plant extracts from *Helleborus niger* L. and *Helleborus foetidus* L. Phytomedicine Plus, 3(2), 100424.

52. Prieto, J. M., Barker, A. M., Schaffner, U., Quetin-Leclercq, J., Braca, A., & Boevé, J. L. (2024). Furostanol Saponins and Ecdysteroids from Plants of the Genus *Helleborus* as Phagostimulants and Predator Deterrents for Larvae of Two Monophadnus Sawfly Species. Plants, 13(16), 2230.

53. Schep, L. J., Schmierer, D. M., & Fountain, J. S. (2006). *Veratrum* poisoning. Toxicological reviews, 25, 73-78.

54. Alm, T. (2002). Norwegian and Sámi ethnobotany of *Veratrum album* (Melanthiaceae). SIDA, Contributions to Botany, 611-619.

55. Javed, S., Ahmad, A., Akash, M. S. H., Rehman, K., & Al-Huqail, A. A. (2023). Belladonna. In Essentials of Medicinal and Aromatic Crops (pp. 83-93). Cham: Springer International Publishing.

56. Haw, S. G. (2013). The Mongol Empire — the first «gunpowder empire»? Journal of the Royal Asiatic Society, 23(3), 441–469. *http://www.jstor.org/stable/43307240.*

57. Sierra, M. A., & Martínez-Álvarez, R. (2020). Ricin and saxitoxin: Two natural products that became chemical weapons. Journal of Chemical Education, 97(7), 1707-1714.

58. Bhatla, S. C., & Lal, M. A. (2023). Secondary metabolites. In Plant physiology, development and metabolism (pp. 765-808). Singapore: Springer Nature Singapore.

59. Guerra-Doce, E., Rihuete-Herrada, C., Micó, R., Risch, R., Lull, V., & Niemeyer, H. M. (2023). Direct evidence of the use of multiple drugs in Bronze Age Menorca (Western Mediterranean) from human hair analysis. Scientific reports, 13(1), 4782.

60. Pagan, O. R. (2021). Drunk Flies and Stoned Dolphins: A Trip Through the World of Animal Intoxication. BenBella Books.

61. Llanes, L. C., Sa, N. B., Cenci, A. R., Teixeira, K. F., de França, I. V., Meier, L., & de Oliveira, A. S. (2022). Witches, potions, and metabolites: an overview from a medicinal perspective. RSC medicinal chemistry, 13(4), 405-412.

62. Motyka, M. A. (2022). Representations of the use of psychoactive substances in the beliefs and rituals of ancient societies: between the sacred and the profane. UR Journal of Humanities and Social Sciences, 24(3), 5-24.

63. Merlin, M. D. (2003). Archaeological evidence for the tradition of psychoactive plant use in the old world. Economic Botany, 57(3), 295-323.

64. Fatur, K. (2020). «Hexing herbs» in ethnobotanical perspective: A historical review of the uses of anticholinergic *Solanaceae* plants in Europe. Economic Botany, 74(2), 140-158.

65. Céspedes-Méndez, C., Iturriaga-Vásquez, P., & Hormazábal, E. (2021). Secondary metabolites and biological profiles of *Datura* genus. Journal of the Chilean Chemical Society, 66(2), 5183-5189.

66. Predescu, I. A., Jîjie, A. R., Pătraşcu, D., Pasc, A. L. V., Piroş, E. L., Trandafirescu, C., & Moacă, E. A. (2025). Unveiling the Complexities of Medications, Substance Abuse, and Plants for Recreational and Narcotic Purposes: An In-Depth Analysis. Pharmacy, 13(1), 7.

67. Harissis, H. V. (2014). A bittersweet story: the true nature of the laurel of the Oracle of Delphi. Perspectives in Biology and Medicine, 57(3), 351-360.

68. Farkhondeh, T., Kianmehr, M., Kazemi, T., Samarghandian, S., & Khazdair, M. R. (2020). Toxicity effects of *Nerium oleander*, basic and clinical evidence: A comprehensive review. Human & experimental toxicology, 39(6), 773-784.

69. Fatur, K. (2019). Sagas of the *Solanaceae*: Speculative ethnobotanical perspectives on the Norse berserkers. Journal of Ethnopharmacology, 244, 112151.

70. Lo, T. W., Yeung, J. W., & Tam, C. H. (2020). Substance abuse and public health: A multilevel perspective and multiple responses. International journal of environmental research and public health, 17(7), 2610.

71. Emboden, W. (1989). The sacred journey in dynastic Egypt: shamanistic trance in the context of the narcotic water lily and the mandrake. Journal of psychoactive drugs, 21(1), 61-75.

72. Poklis, J. L., Mulder, H. A., Halquist, M. S., Wolf, C. E., Poklis, A., & Peace, M. R. (2017). The blue lotus flower (*Nymphea caerulea*) resin used in a new type of electronic cigarette, the re-buildable dripping atomizer. Journal of psychoactive drugs, 49(3), 175-181.

73. McDonald J. A. & Stross, B. (2012). Water Lily and Cosmic Serpent: Equivalent Conduits of the Maya Spirit Realm.

74. Emboden, W. A. (1982). The mushroom and the water lily: literary and pictorial evidence for *Nymphaea* as a ritual psychotogen in Mesoamerica. Journal of Ethnopharmacology, 5(2), 139-148.

75. Grandy, D. K. (2014). TAAR1 transforms thinking about a plant alkaloid that transformed the practice of medicine. International Journal of Neuropsychopharmacology, 17(10), 1545-1547.

76. Carod-Artal, F. J. (2015). Hallucinogenic drugs in pre-Columbian Mesoamerican cultures. Neurología (English Edition), 30(1), 42-49.

77. Steiner, U., & Leistner, E. (2018). Ergot alkaloids and their hallucinogenic potential in morning glories. Planta Medica, 84(11), 751-758.

78. García Quintanilla, A., & Eastmond Spencer, A. (2012). Rituales de la x-táabentun (*Turbina corymbosa*) y de los mayas yucatecos. Cuicuilco, 19(53), 257-281.

79. Terry, M., & Trout, K. (2017). Regulation of peyote (*Lophophora williamsii*: Cactaceae) in the USA: A historical victory of religion and politics over science and medicine. Journal of the Botanical Research Institute of Texas, 11(1), 147-156.

80. Terry, M., Steelman, K. L., Guilderson, T., Dering, P., & Rowe, M. W. (2006). Lower Pecos and Coahuila peyote: new radiocarbon dates. Journal of Archaeological Science, 33(7), 1017-1021.

81. Doesburg-van Kleffens, M., Zimmermann-Klemd, A. M., & Gründemann, C. (2023). An overview on the hallucinogenic peyote and its alkaloid mescaline: The importance of context, ceremony and culture. Molecules, 28(24), 7942.

82. Guerra-Doce, E. (2015). Psychoactive substances in prehistoric times: examining the archaeological evidence. Time and Mind, 8(1), 91-112.

83. Fitzpatrick, S. M. (Ed.). (2020). Ancient psychoactive substances. University Press of Florida.

84. Glass-Coffin, B. (2010). Shamanism and San Pedro through time: some notes on the archaeology, history, and continued use of an entheogen in northern Peru. Anthropology of Consciousness, 21(1), 58-82.

85. Schnitzer, S. A. (2018). Testing ecological theory with lianas. New Phytologist, 220(2), 366-380.

86. Egger, K., Aicher, H. D., Cumming, P., & Scheidegger, M. (2024). Neurobiological research on N, N-dimethyltryptamine (DMT) and its potentiation by monoamine oxidase (MAO) inhibition: from ayahuasca to synthetic combinations of DMT and MAO inhibitors. Cellular and Molecular Life Sciences, 81(1), 395.

87. da Silva Junior, J. C. C., Rovedder, A. P. M., Capitani, L. C., Schenato, R. B., Neuenschwander, F., Peccatti, A., & da Silva, R. P. (2021). Does the high density of *Psychotria* shrubs in the understory influence the natural regeneration of trees?. Ecological Engineering, 172, 106401.

88. Domínguez-Clavé, E., Soler, J., Elices, M., Pascual, J. C., Álvarez, E., de la Fuente Revenga, M., & Riba, J. (2016). Ayahuasca: Pharmacology, neuroscience and therapeutic potential. Brain research bulletin, 126, 89-101.

89. Sweeney, M. M., Nayak, S., Hurwitz, E. S., Mitchell, L. N., Swift, T. C., & Griffiths, R. R. (2022). Comparison of psychedelic and near-death or other non-ordinary experiences in changing attitudes about death and dying. Plos one, 17(8), e0271926.

90. Michael, P., Luke, D., & Robinson, O. (2023). This is your brain on death: a comparative analysis of a near-death experience and subsequent 5-Methoxy-DMT experience. Frontiers in Psychology, 14, 1083361.

91. Socha, D. M., Sykutera, M., Reinhard, J., & Perea, R. C. (2022). Ritual drug use during Inca human sacrifices on Ampato mountain (Peru): Results of a toxicological analysis. Journal of Archaeological Science: Reports, 43, 103415.

92. Rull, V. (2022). Origin, early expansion, domestication and anthropogenic diffusion of *Cannabis*, with emphasis on Europe and the Iberian Peninsula. Perspectives in Plant Ecology, Evolution and Systematics, 55, 125670.

93. Pattnaik, F., Nanda, S., Mohanty, S., Dalai, A. K., Kumar, V., Ponnusamy, S. K., & Naik, S. (2022). *Cannabis*: Chemistry, extraction and therapeutic applications. Chemosphere, 289, 133012.

94. Connor, J. P., Stjepanović, D., Le Foll, B., Hoch, E., Budney, A. J., & Hall, W. D. (2021). Cannabis use and cannabis use disorder. Nature Reviews Disease Primers, 7(1), 16.

95. Chovanec, Z., Rafferty, S., & Swiny, S. (2012). Opium for the Masses. Ethnoarchaeology, 4(1), 5-36.

96. Schiff, P. L. (2002). Opium and its alkaloids. American Journal of Pharmaceutical Education, 66(2), 188-196.

97. Martínez, M. A., & Ballesteros, S. (2019). Opium poisoning in modern times. An overview. Forensic science international, 302, 109848.

98. Kragh, J. V. (2016). Women, Men, and the Morphine Problem, 1870–1955. In Gendered Drugs and Medicine (pp. 177-198). Routledge.

99. Restrepo, D. A., Saenz, E., Jara-Muñoz, O. A., Calixto-Botía, I. F., Rodríguez-Suárez, S., Zuleta, P. & D'Auria, J. C. (2019). *Erythroxylum* in focus: an interdisciplinary review of an overlooked genus. Molecules, 24(20), 3788.

100. Valdez, L. M., Taboada, J., & Valdez, J. E. (2015). Ancient use of coca leaves in the Peruvian central highlands. Journal of Anthropological Research, 71(2), 231-258.

101. Roque Bravo, R., Faria, A. C., Brito-da-Costa, A. M., Carmo, H., Mladěnka, P., Dias da Silva, D., & Oemonom Researchers. (2022). Cocaine: an updated overview on chemistry, detection, biokinetics, and pharmacotoxicological aspects including abuse pattern. Toxins, 14(4), 278.

102. Elatfy, A., Vrahimis, S., Conti, A., & Baldacchino, A. (2024). Chronic tobacco smoking and neurocognitive impairments in adolescents and young adults: a systematic review and meta-analysis. Frontiers in psychiatry, 15, 1384408.

103. Tushingham, S., & Eerkens, J. W. (2016). Hunter-gatherer tobacco smoking in Ancient North America: Current chemical evidence and a framework for future studies. In Perspectives on the archaeology of pipes, tobacco and other smoke plants in the ancient Americas (pp. 211-230). Cham: Springer International Publishing.

104. Tushingham, S., Snyder, C. M., Brownstein, K. J., Damitio, W. J., & Gang, D. R. (2018). Biomolecular archaeology reveals ancient origins of indigenous tobacco smoking in North American Plateau. Proceedings of the National Academy of Sciences, 115(46), 11742-11747.

105. Benowitz, N. L. (2010). Nicotine addiction. New England Journal of Medicine, 362(24), 2295-2303.

106. McMillan, M., & Thompson, J. C. (1979). An outbreak of suspected solanine poisoning in schoolboys: examination of criteria of solanine poisoning. QJM: An International Journal of Medicine, 48(2), 227-243.

107. Uluwaduge, D. I., Lecturer, S., & Lanka, S. (2018). Glycoalkaloids, bitter tasting toxicants in potatoes: A review. Int. J. Food Sci. Nutr, 3(4), 188-193.

108. Shepherd, C. (2024). The Early Potato. The Oxford Handbook of Agricultural History, 374.

109. Burns, A., Gleadow, R., Cliff, J., Zacarias, A., & Cavagnaro, T. (2010). Cassava: the drought, war and famine crop in a changing world. Sustainability, 2(11), 3572-3607.

110. Vetter, J., Plant Cyanogenic glycosides. Toxicon, 2000. 38: p. 11-36.

111. Tshala-Katumbay, D. D., Ngombe, N. N., Okitundu, D., David, L., Westaway, S. K., Boivin, M. J. & Banea, J. P. (2016). Cyanide and the human brain: perspectives from a model of food (cassava) poisoning. Annals of the New York Academy of Sciences, 1378(1), 50-57.

112. Cho, H. J., Do, B. K., Shim, S. M., Kwon, H., Lee, D. H., Nah, A. H., & Lee, S. Y. (2013). Determination of cyanogenic compounds in edible plants by ion chromatography. Toxicological research, 29, 143-147.

113. Ballhorn, D. J. (2011). Cyanogenic glycosides in nuts and seeds. In Nuts and seeds in health and disease prevention (pp. 129-136). Academic Press.

114. Mouaffak, Y., Zegzouti, F., Boutbaoucht, M., Najib, M., El Adib, A., Sbihi, M., & Younous, S. (2013). Cyanide poisoning after bitter almond ingestion. Annals of Tropical Medicine and Public Health, 6(6), 679.

115. Nader, R., Mathieu-Daudé, J. C., Deveaux, M., Faure, K., Hayek-Lanthois, M., & de Haro, L. (2010). Child cyanide poisoning after ingestion of bitter almonds. Clinical Toxicology, 48(6), 574-575.

116. Rivadeneyra-Domínguez, E., & Rodríguez-Landa, J. F. (2014). Cycads and their association with certain neurodegenerative diseases. Neurología (English Edition), 29(9), 517-522.

117. Osborne, R., Stevenson, D. W., & Ferreira, D. (2025). Phytochemistry of the *Cycadales*. The Botanical Review, 1-65.

118. Murch, S. J., Cox, P. A., & Banack, S. A. (2004). A mechanism for slow release of biomagnified cyanobacterial neurotoxins and neurodegenerative disease in Guam. Proceedings of the National Academy of Sciences, 101(33), 12228-12231.

119. Nagy, A. L., Ardelean, S., Chapuis, R. J., Bouillon, J., Pivariu, D., Dreanca, A. I., & Caloni, F. (2023). Emerging plant intoxications in domestic animals: A European perspective. Toxins, 15(7), 442.

120. Cox, P. A., & Sacks, O. W. (2002). Cycad neurotoxins, consumption of flying foxes, and ALS-PDC disease in Guam. Neurology, 58(6), 956-959.

121. Englehardt, J. D., & Carrasco, M. D. (2023). From «cycad hell» to sacred landscapes: Tracing the cultural significance of cycads in the Ryukyu Islands and Japan. Journal of Ethnobiology, 43(4), 280-298.

122. Giménez-Roldán, S., Steele, J. C., Palmer, V. S., & Spencer, P. S. (2021). Lytico-bodig in Guam: Historical links between diet and illness during and after Spanish colonization. Journal of the History of the Neurosciences, 30(4), 335-374.

123. Ambika, Aski, M. S., Gayacharan, Hamwieh, A., Talukdar, A., Kumar Gupta, S. & Kumar, R. (2022). Unraveling origin, history, genetics, and strategies for accelerated domestication and diversification of food legumes. Frontiers in genetics, 13, 932430.

124. Annor, G. A., Ma, Z., & Boye, J. I. (2014). Crops–legumes. Food processing: principles and applications, 305-337.

125. Eddie Ip, W. K., Takahashi, K., Alan Ezekowitz, R., & Stuart, L. M. (2009). Mannose binding lectin and innate immunity. Immunological reviews, 230(1), 9-21.

126. Rodhouse, J. C., Haugh, C. A., Roberts, D., & Gilbert, R. J. (1990). Red kidney bean poisoning in the UK: an analysis of 50 suspected incidents between 1976 and 1989. Epidemiology & Infection, 105(3), 485-491.

127. Kour, J., Hans, M., Chopra, H., Sharma, R., Ramaiyan, B., & Mittu, B. (2022). Phytohaemagglutinins. In Handbook of Plant and Animal Toxins in Food (pp. 203-216). CRC Press.

128. Avilés-Gaxiola, S., Chuck-Hernández, C., & Serna Saldivar, S. O. (2018). Inactivation methods of trypsin inhibitor in legumes: A review. Journal of food science, 83(1), 17-29.

129. Luzzatto, L., & Arese, P. (2018). Favism and glucose-6-phosphate dehydrogenase deficiency. New England Journal of Medicine, 378(1), 60-71.

130. Nkhoma, E. T., Poole, C., Vannappagari, V., Hall, S. A., & Beutler, E. (2009). The global prevalence of glucose-6-phosphate dehydrogenase deficiency: a systematic review and meta-analysis. Blood Cells, Molecules, and Diseases, 42(3), 267-278.

131. Enneking, D. (2011). The nutritive value of grasspea (*Lathyrus sativus*) and allied species, their toxicity to animals and the role of malnutrition in neurolathyrism. Food and Chemical Toxicology, 49(3), 694-709.

132. Giménez-Roldán, S., Palmer, V. S., & Spencer, P. S. (2022). Thanks to the grasspea: a representation of lathyrism in Madrid by painter Francisco de Goya.

133. Lambein, F., Travella, S., Kuo, Y. H., Van Montagu, M., & Heijde, M. (2019). Grass pea (*Lathyrus sativus* L.): orphan crop, nutraceutical or just plain food?. Planta, 250, 821-838.

134. Pascual, V. C., Leal, M. J. R., Hurtado, M. C., Pons, R. M. G., Gallego, Á. J., & Oliag, P. T. Informe del Comité Científico de la Agencia Española de Consumo, Seguridad Alimentaria y Nutrición (AECOSAN) sobre la seguridad del consumo de harina de almortas.

135. Kumar, J. K., Monica, S. S., Vinothkumar, B., Suganthi, A., & Paramasivam, M. (2024). Impact of pesticide exposure on environment and biodiversity: A review. Agricultural Reviews, 45(1), 1-12.

136. Baker, B. (2017). Can modern agriculture be sustainable? Perennial polyculture holds promise. BioScience, 67(4), 325-331

137. Chowański, S., Winkiel, M., Szymczak-Cendlak, M., Marciniak, P., Mańczak, D., Walkowiak-Nowicka, K., & Adamski, Z. (2022). Solanaceae glycoalkaloids: α-solanine and α-chaconine modify the cardioinhibitory activity of verapamil. Pharmaceutical Biology, 60(1), 1317-1330.

138. Oberemok, V. V., Laikova, K. V., Gninenko, Y. I., Zaitsev, A. S., Nyadar, P. M., & Adeyemi, T. A. (2015). A short history of insecticides. Journal of Plant Protection Research, 55(3).

139. Davies, T. G. E., Field, L. M., Usherwood, P. N. R., & Williamson, M. S. (2007). DDT, pyrethrins, pyrethroids and insect sodium channels. IUBMB life, 59(3), 151-162.

140. Souto, A. L., Sylvestre, M., Tölke, E. D., Tavares, J. F., Barbosa-Filho, J. M., & Cebrián-Torrejón, G. (2021). Plant-derived pesticides as an alternative to pest management and sustainable agricultural production: Prospects, applications and challenges. Molecules, 26(16), 4835.

141. Ku et al., 2020; Singh, J., & van der Knaap, E. (2022). Unintended consequences of plant domestication. Plant and Cell Physiology, 63(11), 1573-1583

142. Los Angeles Times. (2000, julio 26). 2 toddlers died from oleander poisoning, coroner says. https://www.latimes.com/archives/la-xpm-2000-jul-26-me-59440-story.html. Revisado por última vez el 21/04/2025.

143. Gessert, G. (2012). Green light: toward an art of evolution. MIT Press.

144. Jashemski, W. F. (1990). Evidence of flora and fauna in the gardens and cultivated land destroyed by Vesuvius in AD 79.

145. Shridhar, N. B. (2022). Nerium oleander toxicity: A review. Int. J. Adv. Acad. Stud, 4(10), 23-32.

146. Lopez-Tejedor, I., Sierra, M. J., Rodriguez, J., & Millan, R. (2010). Study of Absorption and Distribution of Mercury in *Nerium Oleander* L. on Banks of the Valdeazogues River (Chillon Station-Ciudad Real) (No. CIEMAT--1214). Centro de Investigaciones Energeticas Medioambientales y Tecnologicas (CIEMAT).

147. Ayyappan, S., N, A., & Toi, P. C. (2024). Accidental fatal poisoning in a child due to ingestion of *Nerium oleander* leaf. Forensic Science, Medicine and Pathology, 20(4), 1448-1452.

148. Karakoti, H., Kumar, R., Bargali, P., Mahawer, S. K., Rout, S., Mali, S. N., & Santana de Oliveira, M. (2025). A Comprehensive Insight into the Phytochemistry, Pharmacology, and Therapeutic Potential of *Digitalis purpurea* L. Asian Journal of Organic Chemistry, e202400657.

149. Wilson, C. R., & Hooser, S. B. (2018). Toxicity of yew (*Taxus spp.*) alkaloids. In Veterinary toxicology (pp. 947-954). Academic Press.

150. Gabriel, M. M., Betim, F. C. M., de Oliveira, C. F., Bianchini, A., Moura, P. F., Dalarmi, L., & Miguel, M. D. (2023). Bioactive metabolites and biological, toxic and pharmacological activities of ornamental plants: a review of the species *Hydrangea macrophylla, Euphorbia milii, Dieffenbachia seguine* and *Dracaena trifasciata*.

151. Lonare, M. K., Sharma, M., Hajare, S. W., & Borekar, V. I. (2012). *Lantana camara*: overview on toxic to potent medicinal properties. International Journal of Pharmaceutical Sciences and Research, 3(9), 3031.

152. Nagy, A. L., Ardelean, S., Chapuis, R. J., Bouillon, J., Pivariu, D., Dreanca, A. I., & Caloni, F. (2023). Emerging plant intoxications in domestic animals: A European perspective. Toxins, 15(7), 442.

153. Machado, M., Oliveira, L. G., Schild, C. O., Boabaid, F., Lucas, M., Buroni, F., & Riet-Correa, F. (2023). *Lantana camara* poisoning in cattle that took refuge during a storm in a forest invaded by this plant. Toxicon, 229, 107124.

154. Johnson, J. H., & Jensen, J. M. (1998). Hepatotoxicity and secondary photosensitization in a red kangaroo (*Megaleia rufus*) due to ingestion of *Lantana camara*. Journal of Zoo and Wildlife Medicine, 203-207.

155. Wolfson, S. L., & Solomons, T. W. G. (1964). Poisoning by fruit of *Lantana camara*: an acute syndrome observed in children following ingestion of the green fruit. American Journal of Diseases of Children, 107(2), 173-176.

156. Kato-Noguchi, H., & Kurniadie, D. (2021). Allelopathy of *Lantana camara* as an invasive plant. Plants, 10(5), 1028.

157. Lake, B. B., Edwards, T., Atiee, G., Stone, R., & Scott, L. (2020). The characterization of cycad palm toxicosis and treatment effects in 130 dogs. Australian Veterinary Journal, 98(11), 555-562.

158. Forrester, M. B., Layton, G. M., & Varney, S. M. (2020). *Cycas revoluta* (sago cycad) exposures reported to Texas poison centers. The American Journal of Emergency Medicine, 38(8), 1611-1615.

159. Nelson, L. S., Shih, R. D., Balick, M. J., & Lampe, K. F. (2007). Handbook of poisonous and injurious plants (pp. 55-306). New York: New York Botanical Garden

160. Stoeva-Grigorova, S., Dragomanova, S., Radeva-Ilieva, M., Kehayova, G., Dimitrova, S., Marinov, S., & Zlateva, S. (2025). Poisoning from *Alocasia× amazonica* Roots: A Case Report. Toxins, 17(4), 189.

161. Unlu, U., & Kocabaş, A. (2020). *Dieffenbachia* plant poisoning cases and effects on human health. Anatolian Journal of Botany, 4(1), 65-68.

162. Summers, J. K., & Vivian, D. N. (2018). Ecotherapy–A forgotten ecosystem service: A review. Frontiers in psychology, 9, 1389.

163. Jamshidi-Kia, F., Lorigooini, Z., & Amini-Khoei, H. (2017). Medicinal plants: Past history and future perspective. Journal of herbmed pharmacology, 7(1), 1-7.

164. Morales, J., Carrión Marco, Y., Cooper, J. H., Turner, E., Freyne, A., Hogue, J., & Humphrey, L. T. (2024). Late pleistocene exploitation of *Ephedra* in a funerary context in Morocco. Scientific Reports, 14(1), 26443.

165. Al Rashdi et al., 2021; Rizqi, H. D., Helayanti, N. M., & Purnomo, A. S. (2024, April). Potential of *Adenium obesum* flowers extracts as an antibacterial against gram-negative bacteria and gram-positive bacteria. In AIP Conference Proceedings (Vol. 3071, No. 1). AIP Publishing

166. Abdallah, E. M., Alhatlani, B. Y., de Paula Menezes, R., & Martins, C. H. G. (2023). Back to nature: Medicinal plants as promising sources for antibacterial drugs in the post-antibiotic era. Plants, 12(17), 3077.

167. Pavlova, D., Karadjova, I., & Krasteva, I. (2015). Essential and toxic element concentrations in *Hypericum perforatum*. Australian Journal of Botany, 63(2), 152-158.

168. Sherif, M. M., Elshikh, H. H., Abdel-Aziz, M. M., Elaasser, M. M., & Yosri, M. (2023). In Vitro Antibacterial and Phytochemical Screening of *Hypericum perforatum* Extract as Potential Antimicrobial Agents against Multi-Drug-Resistant (MDR) Strains of Clinical Origin. BioMed research international, 2023(1), 6934398.

169. Anand, J., Choudhary, S., & Rai, N. (2018). *Lantana camara* enhances antibacterial potency of antibiotics and exerts synergistic inhibitory effect against pathogenic bacterial species. Oriental Pharmacy and Experimental Medicine, 18(4), 381-389.

170. Ngwewondo, A., Wang, M., Manfo, F. P. T., Samje, M., Ganin's, J. N. K., Ndi, E., & Cho-Ngwa, F. (2018). Filaricidal properties of *Lantana camara* and *Tamarindus* indica extracts, and Lantadene A from L. camara against *Onchocerca ochengi* and *Loa loa*. PLoS neglected tropical diseases, 12(6), e0006565.

171. de Oliveira Lemos, A. S., da Trindade Granato, J., Antinarelli, L. M. R., de Almeida Machado, P., Campos, L. M., Bastos, J. P. R. C., & Coimbra, E. S. (2025). *Lantana camara* L. induces a multi-targeted cell death process in *Leishmania amazonensis*. Journal of Ethnopharmacology, 337, 118766.

172. Pan, W. H., Xu, X. Y., Shi, N., Tsang, S. W., & Zhang, H. J. (2018). Antimalarial activity of plant metabolites. International Journal of Molecular Sciences, 19(5), 1382.

173. Amisu, B. O., Okesanya, O. J., Ahmed, M. M., Abdelbar, S. M. M., & Lucero-Prisno III, D. E. (2024). Achieving malaria-free: Egypt's journey to WHO certification and global implications for disease control. Tropical medicine and health, 52(1), 101

174. Arias, M. H., Vallejo, G. A., & Garavito, G. (2021). Trypanocidal activity of traditional antiparasitic medicinal plants from the Amazon. Pharmacognosy Research, 13(4).

175. Tu, Y. (2016). Artemisinin-A Gift from Traditional Chinese Medicine to the World (Nobel Lecture). Angewandte Chemie International Edition, 55(35).

176. Talib, W. H., Daoud, S., Mahmod, A. I., Hamed, R. A., Awajan, D., Abuarab, S. F., & Al Kury, L. T. (2022). Plants as a source of anticancer agents: From bench to bedside. Molecules, 27(15), 4818.

177. Sharma, A., Bhatia, S. K., Banyal, A., Chanana, I., Kumar, A., Chand, D., & Kumar, P. (2022). An overview on taxol production technology and its applications as anticancer agent. Biotechnology and Bioprocess Engineering, 27(5), 706-728.

178. Kumar, S., Singh, B., & Singh, R. (2022). *Catharanthus roseus* (L.) G. Don: A review of its ethnobotany, phytochemistry, ethnopharmacology and toxicities. Journal of Ethnopharmacology, 284, 114647.

179. Tyagi, N., Tyagi, M., Pachauri, M., & Ghosh, P. C. (2015). Potential therapeutic applications of plant toxin-ricin in cancer: challenges and advances. Tumor Biology, 36, 8239-8246.

180. Nandi, S., Sikder, R., Nag, A., Khatua, S., Sen, S., Chakraborty, N., & Calina, D. (2024). Updated aspects of alpha-Solanine as a potential anticancer agent: Mechanistic insights and future directions. Food Science & Nutrition, 12(10), 7088-7107.

181. Almagro, L., Correa-Sabater, J. M., Sabater-Jara, A. B., & Pedreño, M. Á. (2022). Biotechnological production of β-carotene using plant in vitro cultures. Planta, 256(2), 41.

182. Yeshi, K., Crayn, D., Ritmejerytė, E., & Wangchuk, P. (2022). Plant secondary metabolites produced in response to abiotic stresses has potential application in pharmaceutical product development. Molecules, 27(1), 313.